高职高专项目导向系列教材

高分子材料加工技术

石红锦　主编

化学工业出版社

·北京·

本教材主要内容分为八个学习情境。情境一重点阐述了高分子材料的加工性质、高分子材料的流变性、高分子材料的热性能及常用的高分子材料；情境二选择了 3 个任务，介绍了成型用物料的配制；情境三、四、五、六、七，选择了 8 个任务，以具体制品的生产为主线，阐述了塑料制品生产设备结构与使用、生产工艺及生产过程影响因素等；情境八选择了 3 个任务，介绍了橡胶的配方设计、塑炼与混炼以及橡胶的压延成型。

本教材题材新颖，实践操作性强，注重学生实践技能的培养与训练，体现了以任务驱动、项目导向的"教、学、做"一体化的教学改革模式，实现了课程内容与国家职业标准相衔接，可作为高职高专化工技术类和高分子材料应用技术专业以及相关专业教材，也可供从事高分子材料加工行业的工程技术人员参阅。

图书在版编目（CIP）数据

高分子材料加工技术/石红锦主编. —北京：化学工业出版社，2014.2（2024.9 重印）
高职高专项目导向系列教材
ISBN 978-7-122-19224-0

Ⅰ.①高…　Ⅱ.①石…　Ⅲ.①高分子材料-加工-高等职业教育-教材　Ⅳ.①TB324

中国版本图书馆 CIP 数据核字（2013）第 291951 号

责任编辑：张双进　窦　臻　　　　　　　　文字编辑：徐雪华
责任校对：边　涛　　　　　　　　　　　　装帧设计：刘丽华

出版发行：化学工业出版社（北京市东城区青年湖南街 13 号　邮政编码 100011）
印　　装：北京科印技术咨询服务有限公司数码印刷分部
787mm×1092mm　1/16　印张 10　字数 230 千字　2024 年 9 月北京第 1 版第 5 次印刷

购书咨询：010-64518888　　　　　　　　　售后服务：010-64518899
网　　址：http://www.cip.com.cn
凡购买本书，如有缺损质量问题，本社销售中心负责调换。

定　　价：27.00 元

前言

本书的编写主要是为了适应高职院校以任务驱动、项目导向的"教、学、做"一体化的教学改革趋势，整合高分子材料基本加工工艺、高分子材料加工实训等相关的学习内容，重新构成高分子材料加工技术课程。以典型产品（如PPR管材的挤出生产、PE挤出吹塑薄膜的生产等）为导向，根据高分子材料加工工作岗位（群）职业能力的要求，采用真实的工作任务，整个学习过程知识和能力训练安排体现渐进性，实现任务由模拟到真实的工作岗位推进过程。本教材以教学任务的形式编写，每一个任务是一个独立的模块，实际教学中可以灵活安排。

本书按照生产任务、任务分析、相关知识、任务实施、归纳总结、综合评价、任务拓展等项目化课程体例格式编写，表现形式多样化，做到了图文并茂、直观易读。

本书由辽宁石化职业技术学院石红锦主编；在编写过程中，得到了辽宁石化职业技术学院高分子材料专业教研室张立新老师、杨连成老师、付丽丽老师、马超老师及赵若东老师的大力支持，在此表示感谢！

由于编者的水平有限，难免存在不妥之处，敬请大家批评指正。

编者

2013 年 8 月

目录

高分子材料加工技术的基础知识

任务一 高分子材料的加工性质

一、概述

能源工程、信息工程、生物工程、材料工程构成现代文明的四大支柱，材料的发展直接影响到各个行业的进步及科学技术的发展，直接影响人们的生活。人们一般将材料分为金属材料、无机非金属材料、高分子材料、复合材料等。高分子材料的品种多、生产成本低、性能各具特色、适用范围广，促使高聚物合成和高分子材料加工有了更快的发展。各种高聚物（塑料、橡胶、纤维等）的产量已超过六千万吨，而加工技术理论研究、加工设备设计和加工过程自动化控制等方面都有较大进展，产品质量和生产效率大大提高，产品应用领域也大大增加。

高分子材料工业包含高聚物的合成和高分子材料制品的生产（即高分子材料加工）两个部分。没有高聚物的合成，就没有高分子材料制品的生产。但是没有高分子材料制品的生产，高分子就不可能成为人类生产或生活资源。所以两部分是一个体系的两个连续部分，是相互依存的。

高聚物的合成是将小分子单体聚合成相对分子质量在 10000 以上的高聚物，高分子材料加工是使高分子材料转变为具有一定的形状、性能、使用价值的实用材料或制品的一种工程技术。

高分子材料加工使高聚物的形状、结构、性能等发生变化，形状改变是为了满足使用要求，例如，将高聚物粉料或粒料制成薄膜、管材等各种形状的制品，形状的改变大部分是通过使高分子材料流动变形来实现的，在转变时，材料的结构发生变化，结构的转变有宏观结构的变化与微观结构的变化，如结晶和取向引起的聚集态的变化、交联、降解等，性能随结构的改变而改变，如硫化使橡胶具有高弹性。

高聚物的加工，一般包括两个过程。首先在一定条件下使高分子材料产生流动变形，并能取得所需形状；其次是想办法保持取得的形状使其在常温下不变形。高分子材料的加工形式主要有高聚物熔体的加工、高聚物溶液的加工、预聚物的加工、类橡胶类高聚物的加工、高聚物分散体的加工及高聚物的机械加工等，除机械加工外，其他加工形式基本遵循先流动再硬化（固化）这个过程。在加工过程中，有时主要发生物理变化，如大多数热塑性材料的加工；有时主要发生化学变化，如预聚物发生交联反应；有时既有物理变化又有化学变化，如热固性材料的模压成型。

高分子材料具有很好的加工性能，如可挤压性、可模塑性、可延性、可纺性等，为高分子材料的加工提供了有利条件。高分子材料的成型方法主要有高聚物的挤出、注塑、压延、模压、浇铸、真空成型等。

二、高分子材料的加工性

高聚物大分子长链间相互缠结，由于分子间、分子内强大吸引力的作用聚集在一起，使其表现出各种力学性质，高分子材料加工过程中所表现出的很多性质和行为都与高聚物聚集态所处的状态有关。

1. 高聚物的聚集态

高聚物的聚集态一般划分为三态，即玻璃态（结晶高聚物为结晶态）、高弹态、黏流态，处于不同聚集态的高聚物表现出不同的性能，在加工中表现出不同的行为。

高聚物在一定因素（如高聚物的结构、体系组成、受力情况、温度等）的影响下，可以从一种聚集态转变为另一种聚集态，了解聚集态转变的规律和实质可以在保证高聚物性能的基础上，选择合理的加工工艺和方法，消耗最少的能源，制备符合质量要求的产品。

高分子聚集态与材料性质、加工性能的关系如表 1-1 所示。

表 1-1　高分子聚集态与材料性质、加工性能的关系

聚　集　态	高聚物状态	材料性质	加工性能
玻璃态 $T<T_g$	坚硬固体	主价键和次价键形成的内聚力，有一定的变形能力，可逆；弹性模量高、形变小	可通过机械加工（车、铣、削、刨），不宜进行大形变的加工；在 T_g 以下某温度（脆化温度）材料受力容易发生脆性断裂
高弹态 $T_g<T<T_f$	固态与液态的中间态	可发生较大形变，形变可逆，由于高弹性形变的平衡和材料恢复形变需要一定的时间，为了定型，需迅速冷却到 T_g 以下	非晶高聚物在接近 T_f 的温度区间内，可真空、压力、压延和弯曲成型
			结晶高聚物在 T_g 与 T_m 之间可进行薄膜或纤维拉伸
黏流态 $T_f<T<T_d$	液态（熔体）	稍高于 T_f 材料类橡胶流动行为，有较为适宜的流动性	压延、挤出、吹塑、生胶塑炼等
		比 T_f 更高温度，分子热运动大大激化，模量降低很快，材料易流动，为不可逆的黏性形变	熔融纺丝、注塑、挤出、吹塑、贴合，过高的温度易造成注塑时溢料、挤出时制品扭曲等
$T>T_d$	液态	黏度降低很快，容易引起高分子材料分解	物理机械性能降低，外观不理想，不适合加工

T_f（T_m）与 T_g 一样都是高聚物材料成型加工的重要参考温度，对于结晶高聚物 T_g 与 T_m 有一定关系，例如链结构不对称的结晶高聚物 T_m（K）：T_g（K）$\approx 3:2$。

线形高聚物的聚集态是可逆的，这使高分子材料的加工性更为多样化，常用的热塑性高分子材料的加工方法有挤出、注塑等，图 1-1 用线形高聚物的模量-温度曲线表示了聚集态和加工方法的关系。

由图 1-1 可知，高分子材料加工，不同的温度会引起不同的行为，适合不同的加工方法。

2. 高分子材料的可挤压性

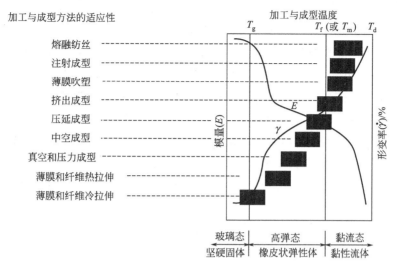

加工与成型方法的适应性

熔融纺丝

注射成型

薄膜吹塑

挤出成型

压延成型

中空成型

真空和压力成型

薄膜和纤维热拉伸

薄膜和纤维冷拉伸

图 1-1　线形高聚物聚集态与加工方法的关系

高分子材料在加工时常常受到挤压作用，例如高分子材料在挤出机、注塑机料筒中、在压延机辊筒间以及在模具中都会受到挤压作用。

高分子材料的可挤压性是指高聚物通过挤压作用发生形变时获得形状和保持形状的能力。通过研究高分子材料的可挤压性质能对制品的材料和加工工艺做出正确的选择和控制。

（1）高分子材料可挤压性的影响因素　通常固体状态下的高分子材料是不能通过挤压成型的，只有当高分子材料处于黏流态时才能通过挤压获得所需的、有用的形变。一般情况下，高分子材料以熔体的状态进行挤压，主要受到剪切作用，所以，高分子材料的可挤压性主要取决于高聚物熔体的剪切黏度和拉伸黏度。

大多数高聚物熔体的黏度随剪切力或剪切速率增大而降低。挤压过程中，当高分子材料的黏度很低时，其流动性较好，但是其形变保持能力较差；当熔体的黏度很高时，则会导致高分子材料流动和成型困难。

高分子材料的可挤压性还与成型加工设备的结构有关。挤压过程中，高聚物熔体的流动速率会随压力增大而增加，我们通过对流动速率的测量决定高分子材料在加工时所需要的压力和加工设备的几何尺寸。

（2）高分子材料可挤压性的表征方法　由于高分子材料的挤压性与高聚物的流变性、熔融指数和流变速率密切有关，所以可通过测定高聚物流变性、熔融指数来表征高分子材料的可挤压性。高聚物的流变性将在任务二中详细介绍，这里只介绍熔融指数的测定方法。

熔融指数是评价高聚物熔体可挤压性的一个常用的方法，它使用熔融指数仪测定在给定剪切力下高聚物的流动性。

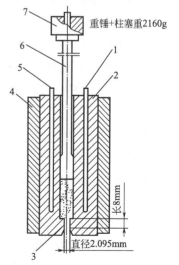

图 1-2　熔融指数仪结构
1—测温管；2—料筒；3—出料孔；
4—保温层；5—加热器；
6—柱塞；7—重锤

熔融指数是指在一定的温度下，10min内高聚物熔体从熔融指数仪的出料孔连续挤出的质量（g），单位为g·(10min)$^{-1}$，用MFI来表示。

根据之前学习过的Flory经验公式，高聚物的黏度η与重均相对分子质量$\overline{M}_w$的关系为$\lg\eta = A + B\overline{M}_w^{1/2}$。式中$A$和$B$均为常数，决定于高聚物的特性和温度。因为高聚物的黏度与重均相对分子质量关系，所以测定的流动性实际上反映了高聚物相对分子质量的高低。

熔融指数仪结构（图1-2）简单、容易操作、使用方便，但是其测量的剪切速率属于低剪切速率下的流动，比实际生产时挤出成型或注塑成型中的常用的剪切速率低，所以我们测得的熔融指数MFI不能说明实际生产时高聚物的流动性能，但是可以用MFI表征高聚物流动性的高低，对于高分子材料实际加工时选择合适的方法和条件具有参考价值。表1-2表明了某些加工方法适宜的熔融指数。

表1-2　某些加工方法适宜的熔融指数

加 工 方 法	产　　品	所需材料的 MFI	加 工 方 法	产　　品	所需材料的 MFI
挤出成型	管材	<0.1	注塑成型	瓶（玻璃状物）	1～2
	片材、瓶	0.1～0.5		胶片（流延薄膜）	9～15
	薄壁管			模压制件	1～2
	电线电缆	0.1～1		薄壁制件	3～6
	薄片	0.5～1	涂布	涂覆纸	9～15
	单丝（绳）		真空成型	制件	0.2～0.5
	多股丝或纤维	约1			

3. 高分子材料的可模塑性

人们经常利用挤出、注塑、模压等方法使高分子材料在模具中制成各种形状的制品，这种在一定温度和压力的作用下，使高分子材料发生形变和在模具中模制成型的能力称为高分子材料的可模塑性。

（1）高分子材料可模塑性的影响因素　高分子材料的可模塑性主要和高分子材料的流变性、热性能和其他物理力学性能等有关，如果是热固性高聚物，还和高聚物的化学反应性质有关。

在一定温度和压力下，高分子材料的可模塑性和流动性的关系如图1-3所示。当温度过高时，虽然熔体的流动性大，易于成型，但会引起高聚物分解，制品收缩率大；当温度过低时，熔体黏度大，流动困难，成型性差，因为材料弹性较大明显使制品形状稳定性差。适当增加压力，通常能改善高分子的流动性，但如果压力过高，将引起物料溢料和制品内应力增加，如果压力过低，则物料不能充满模腔，造成缺料。

高分子材料的热性能影响材料的加工与冷却的过程，从而影响熔体的流动性和硬化速度，影响高分子制品的性质（取向、结晶等）。因此，高分子材料的模压条件不但影响材料的可模塑性，且对制品的力学性能、外观、尺寸及制品中的结晶和取向等都有很大影响。

模具的结构尺寸也影响高聚物的模塑性，不良的模具结构甚至会使成型失败。

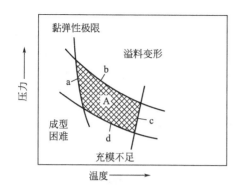

图 1-3　模塑面积
a—表面不良线；b—溢料线；c—分解线；
d—缺料线；A—成型区域

图 1-4　螺旋流动试验模具示意
（入口在螺旋中央）

（2）高分子材料可模塑性的表征方法　高分子材料加工过程中，一般用螺旋流动试验来评价高分子材料的可模塑性，试验模具的结构如图 1-4 所示，试验测试是通过一个有阿基米德螺旋形槽的模具来实现的。

测试时，高聚物熔体在注塑压力的推动下，从中部（螺旋中央入口）注入模具中，伴随流动过程熔体逐渐冷却并硬化为螺线，由螺线的长短不同反映出不同种类高聚物流动性的差异。

螺线长度和高聚物的流动性和熔体压力有关，螺线越长，流动性越好；挤压熔体压力越大，螺线长度越大；挤压时间（或注塑时间）对螺线长度也有影响；高聚物黏度增加，螺线长度减少。增大螺槽几何尺寸也能增大螺线长度。

螺旋流动实验主要可以得到：

① 高聚物在宽广的剪切应力和温度范围内的流变性质；

② 模塑时温度、压力和模塑周期等的最佳条件；

③ 高聚物相对分子质量和配方中各种助剂成分和用量对模塑材料流动性和加工条件的影响关系；

④ 成型模具浇口和模腔形状与尺寸对材料流动性和模塑条件的影响（可通过设计和试验多种不同类型的螺旋模具来实现）。

4. 高分子材料的可延性

高分子材料的可延性是指高聚物在一个方向或两个方向上受到压延或拉伸时变形的能力。利用高分子材料的可延性，可通过压延或拉伸工艺生产薄膜、片材和纤维。

线形高聚物的可延性来自大分子的长链结构和柔性，高聚物在 $T_g \sim T_f$（或 T_m）温度范围内受到拉力作用会产生塑性变形，高分子材料的应力-应变关系如图 1-5 所示。

高聚物在拉伸过程中发生形变同时变细、变窄、变薄，其中 $O \sim a$ 段时材料形变为普通弹性形变，弹性模量高、拉伸形变值很小；$a \sim b$ 段说明材料抵抗形变的能力开始降低，出现加速形变的倾向，由普弹形变转变为高弹形变；b 点为屈服点，对应的应力为屈服应力 σ_y，从 b 点开始，高聚物链段开始逐渐运动，应变增加，在屈服应力的持续作用下，$b \sim c$ 段形变由弹性形变发展成为以大分子链运动为主的塑性变形，材料在拉伸时发热，温度升高，使形变明显加速，出现细颈现象，细颈现象就是材料在拉应力作用下横截面形状突然变细的一个很短的区域，这说明高聚物的链段、大分子链和微晶因拉伸而开始取向，而因形变引起发热，使材料变软从而形变加速的作用称为应力软化；$c \sim d$ 段材料在一定应力下被拉长，拉伸比越大说明高聚物的延伸程度越高，结构单元的取向程度越高；$d \sim e$ 段出现应力硬化，即高聚物在拉伸应力下，随取向程度的提高大分子间作用力增大，引起高聚物黏度升高，

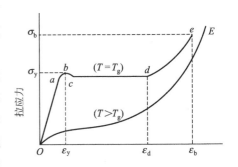

图 1-5　高聚物拉伸时典型的应力-应变图

使高聚物表现出硬化倾向，形变也趋于稳定而不再发展。应力硬化使材料的弹性模量增加，抵抗形变的能力增大，引起形变的应力也就相应的升高。e 点为断裂点，材料因不能承受应力而断裂，对应的应力 σ_b 称为拉伸应力。断裂时的形变 ε_b 称为断裂伸长率。

从图 1-5 中可以看出，e 点的强度比取向程度较低的 c 点要高得多，这说明在一定温度下，高分子材料在拉伸过程中，拉伸应力会转移到弹性模量较低的低取向部分，使其进一步取向，获得整体均匀的拉伸制品，产生在物理力学上的各向异性，因此可根据需要使高分子材料在某一方向具有比其他方向更高的强度，这也是可通过拉伸生产纤维和薄膜制品的原因。

高聚物可延性取决于其产生塑性形变的能力和应变硬化作用。产生形变的能力与温度有关，高聚物分子可以 $T_g \sim T_m$（T_f）的温度范围内，在一定拉伸应力的作用下产生塑性流动，适当的提高温度可提高延展性能，甚至一些延展性能较差的高聚物也可以拉伸。半结晶高聚物一般在稍低于 T_m 以下温度进行拉伸，非晶态高聚物在接近 T_g 的温度进行。一般，我们把在室温至 T_g 附近进行的拉伸称为冷拉伸；在 T_g 以上的温度下进行的拉伸称为热拉伸。拉伸过程中发生应力硬化后，拉伸性能迅速下降。

可延性的测定可使用万能微电子试验机，测试其拉伸强度和断裂伸长率。

5. 高分子材料的可纺性

高分子材料的可纺性是指高聚物材料具有通过加工形成连续的有一定强度的固化纤维的能力。

影响高分子材料的可纺性的影响因素包括流变性、熔体黏度、熔体强度、熔体的热稳定性和化学稳定性等。

生产纤维的高分子材料首先要求熔体从喷丝板毛细孔流出后能形成稳定细流。细流的稳定性通常与熔体从喷丝板的流出速度、熔体的黏度和表面张力有关。纤维生产过程由于拉伸和冷却的作用使熔体黏度增大，也有利于增大熔体细流的稳定性。但随纺丝速度增大，熔体细流受到的拉应力增加，拉伸变形增大，如果熔体的强度低将出现细流断裂。故具有可纺性的高聚物还必须具有较高的熔体强度。不稳定的拉伸速度容易造成熔体细流断裂。如果高分子材料的凝聚能较小，则会出现凝聚性断裂。对一定高聚物，熔体强度随熔体黏度增大而增加。

生产纤维的高聚物还要有良好的热稳定性和化学稳定性，因为要在高温下停留较长的时间，生产时还会受到设备对高聚物的剪切作用。

任务二　高分子材料的流变性

高分子材料的加工过程如塑料成型、橡胶加工等大多数都要依靠外力作用产生流动和形变，来实现从原料到制品的转换，研究高分子流体形变与流动的科学称为高分子材料的流变学。主要研究在应力作用下，高分子材料产生弹性、塑性、黏性形变的行为以及这些行为与各种因素（高聚物的结构与性质、温度、所受应力的大小和作用方式、应力作用时间以及高分子材料的组成等）之间的关系。由于流动与形变是高分子材料加工过程最基本的工艺特征，所以研究流变学对于高分子材料加工具有重要意义。

但是高聚物的流变行为非常复杂，如高聚物熔体在黏性流动时不仅有弹性行为还有热效应，所以要准确测定高聚物熔体的流变行为比较困难，关于流变学的解释有很多也是经验性的，与真实情况不完全符合，有关理论还不是十分完善。尽管如此，流变学仍是高分子材料加工理论的重要组成部分，深刻了解加工过程中的流变行为及其规律，对原料的选择和使用、加工工艺的选择、分析和处理加工中的工艺问题、加工设备的设计、性能良好制品的获得等有重要的指导作用。

大多数高分子材料在加工过程中要求具有一定的流动性与可塑性，因此必须对高聚物进行熔融或溶解使之成为高聚物流体，一种是高聚物熔体，一种是高聚物溶液。

高分子材料加工时发生形变是因为受到外力作用，受力后内部产生与外力作用相平衡的应力，按照受力方式的不同，应力通常有剪切应力、拉伸应力、流体静压力三种类型，随应力产生的形变称为应变，单位时间内的应变称为应变速率（或速度梯度）。

高聚物流体在加工过程中的受力比较复杂，因此相对应的应变也比较复杂，其实际的应变往往是两种或多种简单应变的叠加，剪切应力造成的剪切应变起主要作用。拉伸应力造成的拉伸应变也有相当重要的作用，而静压力对流体流动性质的作用主要体现在对黏度的影响上。

高聚物流体的流变性质主要表现为黏度的变化，根据黏度与应力或应变速率的关系，可将流体分为以下两类：牛顿流体和非牛顿流体。

一、高分子材料流体的流动类型

高聚物熔体在成型条件下的流速、外部作用力形式、流道几何形状和热量传递情况的不同可表现出不同的流动类型。

1. 层流和湍流

我们知道，当雷诺数 $Re < 2000$ 为层流流动，$Re > 4000$ 为湍流流动，Re 在 $2000 \sim 4000$ 之间是层流到湍流的过渡区，高分子材料流体在加工成型条件下的雷诺数 Re 很少大于 1，一般呈现层流状态。这是因为高聚物流体黏度高，如 LDPE（低密度聚乙烯）的黏度为 $30 \sim 1000 Pa \cdot s$，而且流速较低，加工过程中剪切速率不大于 $10^4 s^{-1}$，因此高聚物熔体成型条件下的 $Re < 1$，呈现层流状态。但如果经小浇口的熔体注塑进大型腔，由于剪切应力过大等原因，会出现弹性的湍流，造成熔体的破碎和不规则变形。

2. 稳定流动与不稳定流动

　　高聚物流体在流道中流动时，流体在任何部位的流动状况及一切影响流体流动的因素不随时间而变化，此种流动称为稳定流动。稳定流动不是指流体的各质点的速度以及物理状态都相同，而是指在任何质点均不随时间而变化。如在正常工作的挤出机中，高聚物熔体随螺杆螺槽向前的流速、流量、压力和温度分布等参数不随时间而变动。

　　高聚物流体在流道中流动时，其流动状况及影响流动的各种因素都随时间而变化，此种流动称为不稳定流动。如在注塑成型的充模过程中，在模腔内各质点的流动速率、温度和压力等影响因素均随时间而变化。

　　3. 等温流动和非等温流动

　　流体各处的温度保持不变情况下的流动称为等温流动。在等温流动情况下，流体与外界可以进行热量传递，但传入和输出的热量保持相等，达到平衡。

　　流体各处的温度随时间发生变化的流动称为非等温流动。一般在进行塑料成型的实际条件下，由于成型工艺要求将流道各区域控制在不同的温度下，而且由于黏性流动过程中伴有生热和热效应，这使高聚物流体在流道的径向和轴向存在一定的温度差，呈现非等温流动。

　　4. 拉伸流动和剪切流动

　　即使流体的流动状态为层状稳态流动，流体内各处质点的速度并不完全相同。质点速度的变化方式称为速度分布。按照流体内质点速度分布和流动方向关系，可将高聚物加工时的熔体流动分为拉伸流动和剪切流动。

　　流动质点的速度梯度方向和流动方向水平为拉伸流动（即流动质点速度只沿流动方向发生变化），拉伸流动有单轴拉伸（合成纤维的拉丝成型）和双轴拉伸（塑料的中空吹塑、薄膜生产等）。

　　流动质点的速度梯度与流动方向相垂直为剪切流动（即流动质点速度只沿与流动方向垂直的方向发生变化）。剪切流动由于流动的边界条件不同，又分为拖曳流动（由边界的运动产生的流动，如运转滚筒表面对流体的剪切摩擦而产生的流动）和压力流动（边界固定，由外压力作用于流体而产生的流动，如高聚物熔体注塑成型时，在流道内的流动属于压力梯度引起的剪切流动）。图 1-6 表示的是剪切流动与拉伸流动。

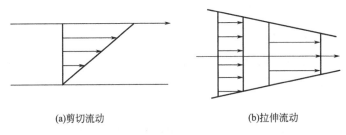

(a)剪切流动　　　　　　　　　　(b)拉伸流动

图 1-6　剪切流动与拉伸流动

二、高分子材料流体的剪切流动

（一）牛顿流体及其流变行为

1. 牛顿黏性定律

一般，高聚物熔体的 $Re \ll 1$，在加工过程中高聚物熔体基本上是层流流动。

流体在流动时，流体存在抵抗内部向前运动的特性称为黏性，它是流体内摩擦力的表现。

在层流流动时，可以看成是一层一层彼此相邻的薄层液体在外力作用下，沿外力方向发生相对位移。速度快的流体层对相邻的速度慢的流体层产生推动向前的力，速度慢的流体层对速度快的产生大小相当、方向相反的力，阻碍向前运动，这种运动着的流体内部相邻两流体层的相互作用力就是流体内摩擦力，它是流体产生阻力的依据。

如图 1-7 所示，F 是外力，为外部作用于面积 A 上的剪切力，使各层流体向右移动。移动面积 A，移动层至固定面之间的距离为 y，圆管中流体流动的管中心至管壁的径向距离为 R。

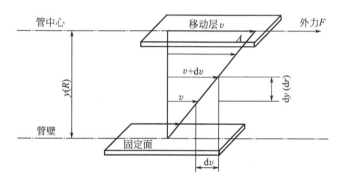

图 1-7　剪切流动的层流模型

对于一定的液体，内摩擦力 F 与两流体层的速度 Δv 成正比，与两层之间的垂直距离 Δy 成反比，与两层间接触面积 A 成正比，即

$$F \propto (\Delta v / \Delta y) A \tag{1-1}$$

式中　F——外力；

　　　Δv——速度；

　　　Δy——两层之间的垂直距离；

　　　A——两层间接触面积。

引入一个比例系数 η，即

$$F = \eta (\Delta v / \Delta y) A \tag{1-2}$$

式中　η——黏度（流体黏性越大，其值越大），Pa·s。

单位面积上剪切力称为剪应力，通常以 τ 表示，单位为 Pa。

$$\tau = F/A = \eta (\Delta v / \Delta y) \tag{1-3}$$

当流体在管内流动时，径向速度的变化不是直线关系，将式（1-3）改写成

$$\tau = \eta (dv/dy) \tag{1-4}$$

式中，dv/dy（或 dv/dr）为垂直流动方向的速度梯度，称为剪切速率，以 $\dot{\gamma}$ 表示，单位 s^{-1}。

$$\dot{\gamma} = \frac{dv}{dy} \tag{1-5}$$

式（1-3）或式（1-4）所表示的关系，称为牛顿黏性定律。

2. 黏度的物理意义

将式（1-4）改写成

$$\eta = \tau / (\mathrm{d}v/\mathrm{d}y) \tag{1-6}$$

黏度的物理意义是促使流体流动产生单位速度梯度的剪切力，黏度与速度梯度相联系，是流体的固有属性，只有在流动的时候才被表现出来。流体在圆管中流动，由式（1-6）可知，管壁处的速度梯度最大，剪应力也最大；管中心处速度梯度是零，剪应力为零。

黏度值一般可由实验测定，不同液体的黏度不同，同一种液体，温度对黏度影响较大，液体的黏度随温度升高而减小，压力对液体黏度的影响较小，黏度的单位为 Pa·s。

3. 牛顿型流体和非牛顿型流体

理想的线性黏性流体的流动符合牛顿流体的流变方程

$$\eta = \tau / \dot{\gamma} \tag{1-7}$$

η 为牛顿黏度，表征流体流动时流体层之间的摩擦阻力，它只与流体的本性和温度有关，不随剪切速率和剪切应力改变，大多数低分子物质流体符合牛顿黏性定律，都可认为是牛顿流体。

将式（1-7）改写

$$\tau = \eta \dot{\gamma} \tag{1-8}$$

式（1-8）称为流变方程，在直角坐标图上绘制 τ 对 $\dot{\gamma}$ 的流动关系曲线是一条通过原点的直线，直线的斜率是流体的牛顿黏度。

凡是不符合牛顿黏性定律的流体称为非牛顿流体，τ 和 $\dot{\gamma}$ 之间不再是线性关系，τ 和 $\dot{\gamma}$ 之比不再是一个常数，随剪切速率发生变化。大部分高分子材料在加工中，流动行为不符合牛顿黏性定律，属于非牛顿流体。

（二）非牛顿流体及其流变行为

在直角坐标图上绘制 τ 对 $\dot{\gamma}$ 的流动关系曲线时，不同类型的非牛顿流体的流动曲线已不是简单的直线，而是向上或向下弯曲的复杂曲线，如图1-8所示。这说明不同类型的非牛顿流体的黏度对剪切速率的依赖性不同（见图1-9）。

根据流体的流动曲线或流变行为方程，非牛顿流体分类如图1-10所示。

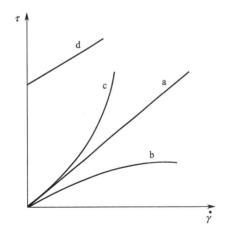

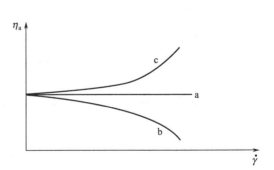

图1-8 不同类型流体的流动曲线
a—牛顿流体；b—假塑性流体；
c—胀塑性流体；d—宾哈流体

图1-9 不同类型流体的黏度-剪切速率关系
a—牛顿流体；b—假塑性流体；
c—胀塑性流体

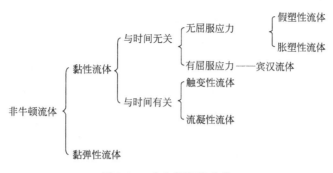

图 1-10 非牛顿流体分类

与时间无关的黏性流体的流动曲线的斜率是变化的，但在这些关系曲线的任意一个特定点也有一定的斜率，所以与事件无关的黏性流体在指定的剪切速率下有一相应的斜率，称为表观黏度，用 η_a 表示。

1. 与时间无关的黏性流体

与时间无关的黏性流体，可分为三种类型：宾哈流体、假塑性流体、胀塑性流体。

宾哈流体的剪切应力与剪切速率之间呈现线性关系，它的 τ 对 $\dot{\gamma}$ 的流动关系曲线是一条直线，但不通过原点。存在一个剪切屈服应力 τ_y。只有当剪切应力高于 τ_y 时，宾哈流体才开始流动。因此宾哈流体的流变方程可表示为

$$\tau - \tau_y = \eta_p \dot{\gamma} \tag{1-9}$$

式中　τ_y——屈服应力，Pa；

　　　η_p——宾哈黏度（或刚性系数），为流动曲线的斜率，Pa·s。

宾哈流体的这种流变行为是由于流体在静止时内部有凝胶性结构造成的。只有当外加剪切应力超过 τ_y 时，这种结构才完全崩溃，然后产生形变不能恢复的塑性流动。几乎所有的高聚物的浓溶液和凝胶性糊塑料在加工中的流变行为，都与宾哈流体相近，如 PVC 糊的凝胶体，还有纸浆、牙膏、肥皂等。

假塑性流体和胀塑性流体的流动曲线不再是直线，为向下弯或向上弯的曲线，说明流体的黏度已不是一个常数，它随着剪切速率的变化而变化。因此非牛顿流体的黏度定义为表观黏度 η_a。

假塑性流体是比较常见的一种，τ 对 $\dot{\gamma}$ 的流动关系曲线是向下弯的，其表观黏度随剪切速率的增大而减小，其流体特征可概括为剪切变稀，橡胶和绝大多数塑料的熔体和溶液，都属于假塑性流体。

对于塑料熔体来说，假塑性流体剪切变稀的原因是大分子之间的相互缠结，当缠结的大分子受应力作用时，缠结点就会被解开，所受的应力越高，则被解开的缠结点就越多，同时被解开缠结点的大分子还沿着流动方向排列成线形，此时大分子之间要发生相对运动，内摩擦力就比较小，表现在宏观性能上就是表观黏度下降。

而高浓度的悬浮液，受到应力时，原来因溶剂化作用而被封闭在颗粒内或大分子缠绕孔隙中的溶剂（或增塑剂、分散介质）就被挤出来一些，颗粒或缠结点的直径缩小，颗粒间的小分子液体增加，颗粒间内摩擦力减小，液体黏度下降。

由于大多数高分子材料加工时，假塑性流体十分普遍，可以利用这个性质来改善高分子材料加工性，如在塑料挤出、注塑生产中，在不增加温度的情况下，适当提高螺杆转速，从而提高剪切速率来降低高分子熔体的表观黏度，从而提高熔体的流动性。

胀塑性流体 τ 对 $\dot{\gamma}$ 的流动关系曲线是向上弯的，其表观黏度随剪切速率的增大而增加，其流体特征可概括为剪切变稠，若干固体体积分数高的悬浮液、较高浓度的高聚物分散体、在较高剪切速率下的聚氯乙烯糊和碳酸钙填充的塑料熔体都属于此种流体。

胀塑性流体表观黏度随剪切速率的增加而增大的原因，大多数认为是当高浓度悬浮液于静止状态时，体系中的固体颗粒构成的间隙最小，即呈紧密堆砌状态，其中体系组分中的低分子液体（如增塑剂等）只能勉强充满这些间隙，当施加于此体系的剪切应力不大时，低分子液体就在移动的颗粒间充当润滑剂，这时高分子流体的表观黏度不高；当剪切应力逐渐增大时，固体颗粒的紧密堆砌结构就渐渐被摧毁，使得整个体系胀大，此时低分子液体（如增塑剂等）已不能充满所有的空隙，颗粒移动时的润滑作用减弱，高分子流体流动的内摩擦力增加，体现在宏观性能上就是表观黏度增大。

描述假塑性和胀塑性的非牛顿流体的流变行为，可用如下的幂律函数方程表示。

$$\tau = K\dot{\gamma}^n \tag{1-10}$$

式中　K——流动常数（或稠度），$(Pa \cdot s)^n$；

n——流动性指数，量纲为1，用来表征流体偏离牛顿性流动的程度。

K 值越大，流体越黏稠，对于牛顿流体 $n=1$，此时 K 相当于 η；对于假塑性流体 $n<1$；对于胀塑性流体 $n>1$。

表示假塑性和胀塑性的非牛顿流体流变行为的指数函数，还有另一种表达形式。

$$\dot{\gamma} = k\tau^m \tag{1-11}$$

式中　k——流动常数，$k=K^{-\frac{1}{n}}$；

m——流动性指数，量纲为1，$m=\dfrac{1}{n}$。对于假塑性流体 $m>1$；对于胀塑性流体 $m<1$。

在这里必须指出，流动常数 K 和流动性指数 n 与温度有关。流动常数 K 随温度的增加而减小，而流动性指数 n 随温度升高而增大。在高聚物加工的可能的剪切速率范围内，n 不是常数。但是对于某种高聚物实际加工过程，剪切速率范围很窄，允许将流动性指数 n 视为近似常数。

2. 与时间有关的黏性流体

在一定剪切速率下，非牛顿型流体表观黏度随剪切力作用时间的延长而降低或升高的流体，则为与时间有关的黏性流体。可分为下面两种。

(1) 触变性（亦称摇溶性）流体　该流体的表观黏度随剪切力作用时间的延长而降低，属于此类流体的高分子材料流体较少，高分子化合物溶液、某些流质食品和涂料等属于此类。

(2) 流凝性（亦称震凝性）流体　这种流体的表观黏度随剪切力作用时间的延长而增加，此类流体如某些溶胶和石膏悬浮液等。

通常认为触变性流体和流凝性流体的这种属性是由于流体内部物理或化学结构发生变化

而引起的。触变性流体在持续剪切过程中，某种结构的破坏，使黏度随时间减少；而流凝性流体则在剪切过程中伴随着某种结构的形成，黏度随时间增加。

3. 黏弹性流体

这类高聚物流体在流动中弹性行为已不能忽视，如聚乙烯、聚甲基丙烯酸甲酯及聚苯乙烯等。流体中的弹性行为是流动过程中大分子构象改变而引起的，大分子链由蜷曲变为伸展，储存了弹性能，大分子恢复原来蜷曲构象的过程就引起高弹形变并释放弹性能，弹性形变与大分子的相对分子质量、外力作用速度或时间及高聚物熔体的温度等有关。一般相对分子质量增大，外力作用时间缩短（或作用速度加快）及熔体温度稍高于熔点时，弹性现象尤为明显。

三、高分子材料流体的拉伸流动

除剪切流动外，拉伸流动在高分子材料加工过程中也很常见，如单丝、纤维、薄膜、中空吹塑等制品的加工，都存在高分子材料流体的拉伸流动。

1. 拉伸黏度

由前面学习内容可以知道，拉伸流动的速度梯度方向与流动方向相平行，即产生了纵向的速度梯度场，此时流体的流动速度沿流动方向改变。拉伸流动中速度梯度的变化如图1-11所示。

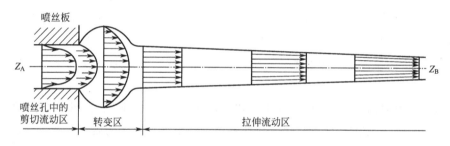

图 1-11　拉伸流动中速度梯度的变化图

在高分子材料加工过程中，高分子流体流动时，凡是发生了流线收敛或发散的流动都包含拉伸流动成分。

拉伸流动按拉伸方向分类如下。

（1）单轴（单向）拉伸流动　沿一个方向，如单丝生产。

（2）双轴拉伸流动　沿相互垂直的两个方向同时进行，如双向拉伸薄膜和塑料薄膜生产。

对于牛顿型流体，拉伸应力与拉伸应变速率有类似于牛顿流动定律的关系。

$$\lambda = \sigma / \dot{\epsilon} \text{ 或 } \sigma = \lambda \dot{\epsilon} \tag{1-12}$$

式中　λ——拉伸黏度。

对于非牛顿型流体，在低拉伸应变速率下，高分子材料熔体服从式（1-12），此时拉伸黏度为常数。

当拉伸应变速率增大时，高分子材料熔体的非牛顿性变得显著，其拉伸黏度不再为常数，随拉伸应变速率或拉伸应力而变化。

对于不同的高分子材料，其拉伸黏度随拉伸应变速率或拉伸应力的变化趋势不同。

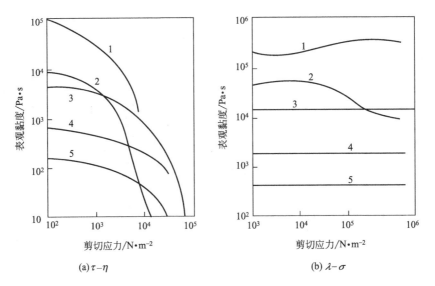

图 1-12　三种典型的 $\lambda\text{-}\sigma$ 关系及与这些高聚物剪切黏度的对照

1—LDPE（170℃）；2—乙丙共聚物（230℃）；3—PMMA（250℃）；4—POM（200℃）；5—PA66（285℃）

由图 1-12 所示三种典型的 $\lambda\text{-}\sigma$ 关系可得以下几点。

① 拉伸黏度随拉伸应力的增加而增大，一般支化高分子化合物如 LDPE 属于此类。

② 拉伸黏度几乎与拉伸应力无关，如丙烯酸类树脂、PA66、POM 以及低聚合度的线形高分子。

③ 拉伸黏度随拉伸应力的增大而减少，一般高聚合度的线形高聚物属于此类，如乙丙共聚物、PP 等。

由图 1-12 中图（a）和图（b）的对比可知，在剪切应力作用下，高聚物熔体的表观黏度随剪切应力增大而下降的高分子材料，在拉伸应力作用下其熔体的表观黏度不一定随拉伸应力的增大而下降，两者没有对应关系。

2. 拉伸流动与剪切流动的关系

在较小的应力下，单轴拉伸时，拉伸黏度与剪切黏度的关系：$\lambda = 3\eta$。

在大多数情况下，剪切黏度随剪切应力的增加而大幅度下降，但拉伸黏度随拉伸应力的增加而增加（即使有下降，其下降幅度也很小），因此在较大的应力下，拉伸黏度不再等于剪切黏度的 3 倍，前者可能较后者大一个甚至两个数量级。

四、影响高分子材料流变行为的主要因素

热塑性塑料加工通常需要经过 3 个基本步骤。

（1）加热塑化　通过加热使处于玻璃态的高分子材料变成黏性高分子流体。

（2）流动成型　借助相关加工设备，以很高的压力将黏性高分子流体从一定形状的口模挤出或注入到一定形状的闭合模具内。

（3）冷却固化　用冷却的方法使高分子材料从黏流态再变成玻璃态，保持形状。

由于高分子材料的流变行为，高分子材料大部分都是在其黏流态下进行加工成型的，而且由于高聚物的加工温度较低，大多数在 300℃ 以下进入黏流态，和其他材料相比，加工更简单、方便。和金属材料和其他无机材料相比，加工性能好是高分子材料一个非常优越的方面。

（一）高分子材料黏性流动的特点

1. 由链段的位移运动完成流动

低分子液体中，存在着和低分子差不多大小的孔穴，当没有外力时，依靠分子的热运动，孔穴与分子位置不断交替的结果是分子扩散运动，当外力存在时，外力的作用使分子沿外力方向上从优跃迁，分子向前跃迁后，原来的位置形成新的孔穴，后面的分子又向前跃迁，使分子通过分子间的孔穴相继向某一方向移动，形成低分子液体宏观上的流动现象。

高分子流体流动和低分子液体不同，不是简单的整个分子跃迁，因为在高分子熔体中要形成许多能容纳下整个大分子的孔穴是困难的；其次，按照低分子流动活化能变化规律推算，高分子在流动发生之前早已被破坏了。

实验事实说明，高分子的流动不是简单的整个分子的迁移，而是通过链段的相继蠕动来实现的。不需要整个大分子那么大的孔穴，只要有链段大小的孔穴就可以了。这里的链段也称流动单元，尺寸大小约含几十个主链原子。

2. 大多数高分子流体流动不符合牛顿流体的流动规律

低分子液体和少数高分子的液体流变行为遵循牛顿黏性定律属于牛顿流体。

大部分高分子流体的流变行为不遵循牛顿黏性定律，为非牛顿流体。

这是因为高分子流体流动时不同流速液层存在速度梯度，长链大分子若同时穿过不同的流速液层，整个大分子各个部分就要以不同的速度前进，流动时，每个大分子中要力图使自己进入同一流速层，不同的平行分布的流速液层导致了大分子在流动方向上的取向。高聚物在流动过程中随剪切速率或剪切应力的增加，其分子取向使液体黏度降低。

3. 高分子流体流动时伴有高弹形变

低分子液体流动所产生的形变是完全不可逆的，高分子材料进行黏性流动的同时，伴随一定量的高弹变形，这部分高弹形变是部分可逆的。这是因为高分子流体的流动不是大分子链之间的简单滑移，而是链段运动的结果，在外力作用下，大分子链沿外力方向伸展，说明高分子流体流动时，除黏性流动还伴随着一定的高弹形变，这部分高弹形变是可逆的，当外力解除后，大分子链由伸展变回蜷曲，形变恢复一部分。如图 1-13 所示。

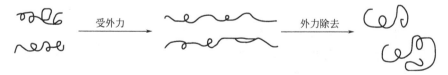

图 1-13　大分子链流动时的变化

高弹形变的恢复过程也是一个松弛过程，恢复的快慢与高分子链柔顺性有关。柔顺性好，恢复得快；柔顺性差，恢复就慢。还与高分子所处的温度有关。温度高，恢复得快；温度低，恢复就慢。

在高分子材料加工中，型材的实际尺寸与口模尺寸有所不同，一般制品的尺寸比口模尺寸要大，这种截面膨胀现象就是由高弹形变引起的。膨胀的程度和高聚物本身及流动条件有关。一般，高聚物相对分子质量越大、流动速度越快、挤出时间越短、温度越低，膨胀程度越大。由于高分子流动这个特点，在加工过程中要注意，否则不能生产出合格的产品。

（二）影响高分子熔体黏度的因素

高聚物熔体的黏度是影响高分子材料加工的重要因素之一，高聚物熔体在任何给定剪切速率下的黏度主要是由高聚物熔体内的自由体积（高聚物中未被高聚物占领的空隙）和大分子长链之间的缠结两方面的因素共同决定的。因此任何能够影响这两因素的变量［主要因素有相对分子质量、温度、压力、剪切速率、分子结构、低分子物质（增塑剂）等］都会影响高聚物的流变行为。

1. 相对分子质量

一般来说，高聚物的相对分子质量增大，不同链段偶然位移相互抵消的机会增多，因此分子重心转移较慢，要完成流动则需要更多的能量和时间，因此相对分子质量增大，其表观黏度增加。

Flory 的研究表明：当高聚物的相对分子质量低于某一临界值 $M_{临}$ 时，熔体的零切黏度 η_0 正比于 $\overline{M}_w$ 的低次幂（1～1.8）；高聚物流体的零切黏度随高聚物的相对分子质量近似线形增大。

$$\eta_0 = B\,\overline{M}_w^{1\sim1.8} \tag{1-13}$$

式中　η_0——零切黏度，剪切速率很低时的黏度；

　　　B——经验常数；

　　　$\overline{M}_w$——重均相对分子质量，必须高于分子链发生缠结时的临界相对分子质量。

当高聚物的相对分子质量大于 $M_{临}$，熔体的零切黏度 η_0 正比于 $\overline{M}_w$ 的高次幂（3.4～3.5）。高聚物流体零切黏度将随相对于近似分子质量的 3.4 次方急剧的增大。

$$\eta_0 = A\,\overline{M}_w^{3.4\sim3.5} \tag{1-14}$$

式中　A——经验常数。

从图 1-14 中也可以看出，相对分子质量和黏度的关系在 B 点发生转折，BC 段的斜率要大于 AB 段的斜率，这表示当相对分子质量超过临界相对分子质量 $M_{临}$（大分子链开始缠结时的相对分子质量）后，相对分子质量稍有增加，黏度大大提高，符合式（1-13）和式（1-14）。

在高聚物的加工过程中，过高相对分子质量的高聚物进行加工时，由于流动黏度过高，致使加工变得十分困难，为了降低黏度就需要提高温度，但提高加工温度又影响高聚物的热稳定性。所以提高相对分子质量虽然能在一定程度上提高制品的物理机械性能，

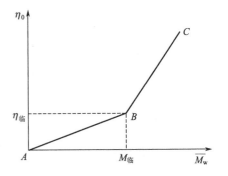

图 1-14　高分子熔体黏度 η_0 与分子量 $\overline{M}_w$ 的关系

但不适宜的加工条件反而导致制品质量的降低。因此为了使加工容易进行，在保证产品性能的基础上，相对分子质量应尽可能的低。在加工过程中，常采用加入低分子物质和降低高聚物相对分子质量的方法以减小高聚物的黏度，以改善其加工性能。

相对分子质量分布对于高聚物熔体的黏度也有影响，主要影响表现在：高聚物熔体的黏度随相对分子质量分布宽度的增加而迅速下降，流动性及加工行为改善，因为此时分子链发

生相对位移的温度范围变宽，低相对分子质量级组分起内增塑作用，使物料开始发生流动的温度下降。

所以相对分子质量分布宽，有利于黏度降低，使橡胶易加工；对塑料不利，造成制品强度低、应力开裂严重、塑化时漏料。

2. 温度

温度是分子无规热运动激烈程度的反映。温度上升，分子热运动加剧，大分子间距增大，较大的能量使高分子材料内部形成更多的空穴，使得链端更易于活动，分子间的相互作用减小，黏度下降。

高分子流体的黏度与温度的关系如下。

$$\eta = A e^{\Delta E_\eta / RT} \tag{1-15}$$

式中　A——常数；

　　　R——气体常数；

　　　T——热力学温度；

　　　ΔE_η——黏流活化能，是分子向孔穴跃迁时克服周围分子的作用所需要的能量。

由式（1-15）可知，黏度取决于 $\Delta E_\eta / RT$。如果 ΔE_η 一定，升高温度可以降低黏度，如果 ΔE_η 不同，温度变化相同，黏度改变不同。所以，ΔE_η 在温度对黏度影响中起重要作用，而大分子的柔顺性是影响 ΔE_η 的主要因素。

表 1-3　一些高分子化合物的黏流活化能

高分子化合物	$\Delta E_\eta / kJ \cdot mol^{-1}$	高分子化合物	$\Delta E_\eta / kJ \cdot mol^{-1}$
NR	1.05	LDPE	46.1～71.2
IR	1.05	PA-6	60.7～66.9
CR	5.63	PC	105～125
SBR	13.0	醋酸纤维素	292
NBR	23.0	PP	41.9

从表 1-3 中可以看出，分子链柔顺性好，黏流活化能低；反之，分子链刚性大、极性大、取代基体积大，黏流活化能高。

黏流活化能还与相对分子质量、剪切速率、温度、增强剂等有关，如相对分子质量分布宽，黏流活化能低；温度升高，黏流活化能下降，温度变化不大时，黏流活化能几乎为一常数；增强剂用量增加，黏流活化能增加，但低剪切速率下与增强剂无关。

将式（1-15）取对数，得到

$$\ln\eta = \ln A + \frac{\Delta E_\eta}{R} \times \frac{1}{T} \tag{1-16}$$

以 $\ln\eta$ 对 $\frac{1}{T}$ 作图，如图 1-15 所示的不同直线，斜率为 $\Delta E_\eta / R$，相当于高分子材料的活化能。

从图中可以看出，具有较低黏流活化能的大分子，如天然橡胶、PE 等，直线斜率较小，即使温度大幅度提高，黏度降低也很轻微，说明黏度对温度的敏感性低。加工中调节流动性，单靠改变温度是不行的，需要改变剪切速率来调节黏度。

具有较高活化能的大分子，如 PC、PMMA、醋酸纤维等，温度稍稍增加，黏度就有明显的降低，说明黏度对温度敏感性很强。因此加工此类高分子化合物时，可通过调节温度，大幅度控制黏度。

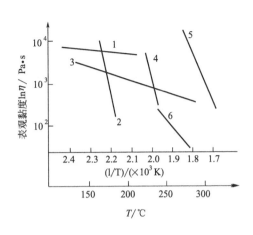

图 1-15　几种高分子熔体黏度与温度的关系
1—天然橡胶；2—醋酸纤维；3—PE；
4—PMMA；5—PC；6—PA

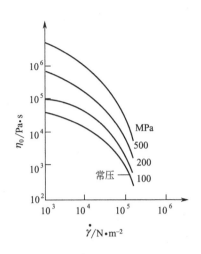

图 1-16　LDPE 黏度与压力的关系

3. 压力

高分子材料在加工工程中，高分子熔体还受到静压力的作用。高聚物内部的自由体积导致了高聚物是可以压缩的，在加工过程中，高聚物受到几十到几百兆帕的外部压力，在压力的作用下，大分子间的距离减小，链段的活动范围减小，分子间距缩小，分子间的相互作用力增大，使得链间的移动困难，表现为整体的黏度增大。压力过高甚至会使加工无法进行。一般情况下，增加压力相当于降低温度，LDPE 的压力和黏度的关系如图 1-16 所示。

和温度的影响类似，不同的高分子化合物的熔体黏度对压力的敏感性也不同，压力的影响主要与大分子的分子结构、密度、相对分子质量等有关。例如，高密度聚乙烯 HDPE 比低密度聚乙烯 LDPE 受压力影响小；高相对分子质量的 PE 比低相对分子质量的 PE 受压力影响大；PS 因为有很大的苯环侧基，且分子链为无规立构，分子间隙较大，所以 PS 的熔体黏度对压力非常敏感。

4. 支链结构

高聚物中支链结构的存在对熔体黏度也有影响，长支链对熔体黏度的影响最大，长支链能增加与邻近分子之间的缠结，分子运动受阻，熔体黏度增加，长支链的存在还增大了高聚物黏度对剪切速率的敏感性。而短支链（低于可产生缠结的长度）可使分子间距离加大，分子间力降低，有利于链段跃迁和大分子链移动，黏度低于直链分子。可通过改变支链的长度来调节黏度。

5. 剪切速率

多数高聚物熔体属于非牛顿流体中的假塑性流体，其黏度随剪切速率的增加而降低。但不同的高分子材料黏度随剪切速率降低的程度不同。图 1-17 是几种不同的高聚物熔体与剪切速率的关系曲线。

从图 1-17 中可以看出，柔性链高分子（如氯化聚醚、PE 等）的表观黏度随剪切速率的增加而明显下降；刚性链高分子（如 PC、醋酸纤维素等）的表观黏度随剪切速率的增加而下降的幅度较小。

这是由于剪切速率增加，柔性链容易改变其构象，即容易通过链段运动破坏原有的缠结，降低了流动阻力，黏度下降；与之相反，刚性链的构象改变困难，随着剪切速率的增加，流动阻力变化不大，黏度下降不明显。

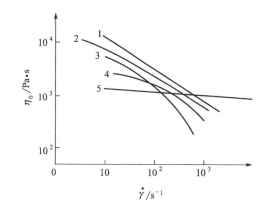

图 1-17 剪切速率对高聚物熔体表现黏度的影响

1—氯化聚醚（200℃）；2—PE（180℃）；3—PS（200℃）；4—醋酸纤维素（210℃）；5—PC（302℃）

6. 增塑剂

增塑剂、软化剂等低分子可使大分子链的间距加大，分子间作用力下降。在剪切力作用下，分子链容易解开缠结和变形，有助于黏度降低。软化、增塑剂用量越多，高聚物的流动性越好，但用量过多，会使产品其他性能下降，如制品的刚性下降等，导致产品质量下降。

（三）高分子熔体的弹性行为

大多数高分子材料在流动时，除表现出黏性流动还伴随着弹性行为，这是高分子熔体区别于小分子流体的重要特点之一。高分子熔体在流动过程中构象发生变化，在外力作用下，除黏性流动外，会产生一些可恢复的形变表现出弹性，高分子熔体的弹性流变效应主要有包轴现象（亦称包轴效应）、出口膨胀效应以及熔体破裂现象。

1. 包轴现象（又称韦森堡效应）

包轴现象表现为如果有一搅拌转轴在液体中快速旋转，低分子液体和高分子液体的液面变化有明显区别，低分子液体受到离心力的作用，转轴处液面下降，如图 1-18(a) 所示；高分子液体受到向心力作用，液面在转轴处是上升的，在转轴上形成相当厚的包轴层，如图 1-18(b) 所示。

高分子熔体产生包轴现象是由于靠近搅拌转轴表面的线速度较高，大分子链被拉伸取向缠绕在转轴上。距离搅拌轴越近的大分子链拉伸取向的程度越大，已经取向的大分子链，链段有自发恢复到蜷曲构象的倾向，但分子链的弹性回复受到搅拌转轴的限制，使这部分弹性能表现为一种包轴的内裹力，把熔体分子沿轴向上挤，形成包轴层。所以包轴现象主要是由高分子熔体的弹性引起的。包轴现象是韦森堡首先发现的，又称韦森堡效应。

2. 出口膨胀效应（巴拉斯效应或离模膨胀）

高分子熔体挤出过程中，熔体挤出口模后，挤出物的截面积比口模截面积大的现象称为出口膨胀效应（又叫巴拉斯效应或离模膨胀），如图 1-19 所示。出口膨胀现象可

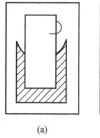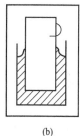

(a)   (b)

图 1-18 转轴旋转时低分子液体与高分子液体液面变化

用胀大比 B 来表征，如果口模为圆形，B 为挤出物的最大直径 D_f 与口模直径 D 之比。

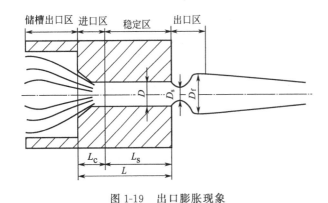

图 1-19 出口膨胀现象

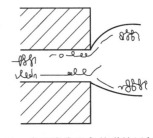

图 1-20 出口膨胀现象的弹性回复过程

导致出口膨胀的主要原因是高分子熔体的弹性。一种原因是高分子熔体在外力作用下进入较窄的口模，高分子产生拉伸弹性形变。形变在口模中来不及完全松弛，出口后，外力解除，高分子链由受拉伸的伸展状态重新回缩为蜷曲状态，发生出口膨胀。另一种原因是高分子在模孔内流动时由于剪切应力的作用，所产生的弹性形变在出口模后回复，因而挤出物直径胀大，如图 1-20 所示。但模孔长径比 L/R 较小时，前一原因占主导地位，长径比较大时后一原因占主要地位。出口膨胀现象对制品尺寸有很大影响，模具设计和制品生产时需注意。

3. 熔体破裂现象（不稳定流动）

高分子熔体在挤出时，剪切速度超过一极限值时，从口模出来的挤出物不再是平滑的，会出现表面粗糙、起伏不平、有螺旋波纹、挤出物扭曲甚至为碎块状物。这种现象称为不稳定流动或熔体破裂现象，它是在高应力或高剪切速率时，液体中的扰动难以抑制并发展成不稳定流动，引起液流破坏。一些熔体破裂时的挤出物的外观如图 1-21 所示。

导致高分子熔体产生不稳定流动的因素很多，熔体弹性是其中一个重要原因。

小分子流体在较高的雷诺数下，发生湍流；高分子熔体，黏度高，黏滞阻力大，在较高的剪切速率下，弹

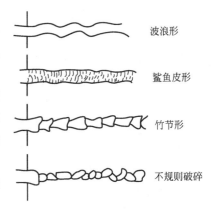

图 1-21 熔体破裂时的挤出物外观类型

性形变增大，当弹性形变的储能达到或超过克服黏滞阻力的流动能量时，导致不稳定流动的发生。因此，高分子这种弹性形变储能引起的湍流称为高弹湍流。

高分子弹性形变储能剧烈变化主要发生在口模入口处、毛细管壁处、口模出口处，可用类似雷诺数的准数来确定出现高弹湍流的临界条件。

① 临界剪切应力 τ_{cr}。高分子熔体挤出时，当剪切应力接近 $10^5 \, \text{Pa}$ 左右时，挤出物常会出现熔体破裂现象，取不同高分子熔体出现熔体破裂现象时的剪切应力的平均值可得到临界剪切应力 τ_{mf} 为 $1.25 \times 10^5 \, \text{Pa}$。

② 弹性雷诺数 $(Re)_e$，将熔体破裂条件与大分子本身的松弛时间 t^* 和外界条件剪切速

率相联系，

$$(Re)_e = \dot{\gamma} t^* \tag{1-17}$$

当 $(Re)_e < 1$ 时，高分子流体为黏性流动，弹性形变很小；$(Re)_e = 1 \sim 7$ 时，高分子流体为稳态黏弹性流动；但 $(Re)_e > 7$ 时为不稳定流动或弹性湍流。

③ 临界黏度降，这个临界条件是指随剪切速率增大，当高分子熔体黏度下降至零切黏度的 0.025 倍，则会发生熔体破裂。

$$\eta_{cr}/\eta_0 = 0.025 \tag{1-18}$$

式中　η_{cr}——熔体破裂时的黏度。

在高分子材料加工过程中，要尽量避免产生不稳定流动，以免产品质量不合格。

4. 影响高分子熔体弹性的因素

高分子的弹性形变是由链段运动引起的，链段运动的能力决定分子链松弛过程的快慢，由松弛时间决定，当松弛时间很小时，高分子熔体的形变以黏性流动为主。当松弛时间远大于形变的观察时间，则高分子熔体以弹性形变为主。

（1）剪切速率　通常，随着剪切速率的增大，熔体弹性效应增大。但是，如果剪切速率太快，以致毛细管内分子链都来不及伸展，则出口处膨胀反而不太明显。

（2）温度　温度升高，高分子熔体弹性形变减小。因为温度升高，能使大分子的松弛时间变短。

（3）相对分子质量及相对分子质量分布　相对分子质量大，或者相对分子质量分布宽，高分子熔体弹性效应特别显著。这是因为相对分子质量大，高分子熔体黏度高，松弛时间长，形变松弛的慢，弹性效应可以明显观察出来。

（4）流道的几何形状　高分子熔体流经管道的几何形状对熔体弹性也有很大影响。例如，流道中管径的突然变化，导致高弹湍流。

除上述因素外，还有一些影响因素，如长支链支化程度增加，导致熔体弹性增大，又如加入增塑剂能缩短物料的松弛时间，减少高聚物熔体弹性。

要避免或减轻高分子熔体产生熔体破裂现象，可以从如下几方面考虑：

① 可将模孔入口处设计成流线形，以避免流道中的死角；

②适当提高温度使弹性恢复容易，可使熔体开始发生破裂的临界剪切速率提高；

③ 降低相对分子质量，适当加宽相对分子质量分布，使松弛时间缩短，有利于减轻弹性效应，改善加工性能；

④ 添加少量低分子物或与少量高分子共混，也可减少熔体破裂；可提高挤出速率改进塑料管的外观光泽；

⑤ 注塑模具设计时，浇口的大小和位置要恰当；

⑥ 在临界剪切应力、临界剪切速率下成型；

⑦ 挤出后适当牵引可减少或避免破裂。

五、在简单几何形状管道中高分子熔体的流动

高分子材料加工中，经常会遇到高分子熔体在各种几何形状导管中流动，了解熔体在各种几何形状的管线中流动过程中流量与压力降的关系以及剪切应力与剪切速率的关系，对于控制高分子材料的加工工艺、制品的产量与质量以及模具设计等有直接关系。

当高分子熔体在管道内流动时，由于变化因素很多，比如自由体积的存在、液体在管道内壁上的滑移（可能使流速增大5%）以及温度、密度、黏度、流动速率、体积流率的不均匀性等因素导致流动的分析和计算变得十分复杂。为了简化分析和计算过程，对服从指数定律并在通常情况为稳态层流的高聚物液体，假设它的流动符合以下条件：

① 液体为不可压缩的（自由体积为零）；

② 流动是等温、层流、连续稳定的过程；

③ 液体在管道内壁面不发生滑动（壁面速度为零）；

④ 液体黏度不随时间变化，并在沿管道流动的全过程中其他性质不变。

以上假设对分析和计算结果不会引起大的偏差。

（一）高分子流体在长圆管中的流动

有均匀圆形截面且沿管轴方向半径保持恒定的简单圆形管道是很多加工成型设备中最常见的通道形式，如挤出机机头通道、注塑机喷嘴流道等，在简单圆管中流体在压力作用下只产生一维剪切流动。

1. 流动过程中的受力分析

如图1-22所示，半径为R，长度为L的圆形导管，取一段半径为r、长度为dL的液体微圆柱体（微液柱），在这微液柱上受到F_1、F_2、F_3三个力的作用，F_1推动微液柱从A到B，F_2是与F_1方向相反的作用于微液柱另一端的阻力，它来自于液体的黏滞性，F_3是作用于微液柱外侧表面上有剪切作用产生的阻力。随着微液柱的运动，催动液体的压力在$Z_A \to Z_B$方向从p'降到$p' - \Delta p$；稳定、层流情况下，作用在微液柱上的力处于平衡状态，$F = F_1 + F_2 + F_3$，所以

$$\pi r^2 p' - \pi r^2 (p' - \Delta p) - 2\pi r \tau_r dL = 0 \tag{1-19}$$

式中　τ_r——微液柱外侧表面上的剪应力。

将式（1-19）整理可得

$$\tau_r = \frac{r}{2} \times \frac{\Delta p}{dL} \tag{1-20}$$

式中　$\Delta p / dL$——压力梯度，表示沿dL长度微液柱外的压力变化。

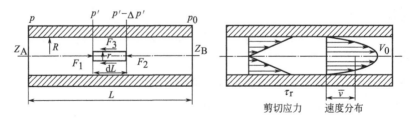

图1-22　在简单圆管中流动液体受力分析和速度分析

2. 流动速度分布曲线

在圆管全长L范围内，压力降$\Delta p = p - p_0$，压力梯度为$(p - p_0)/L$，用$\Delta p / L$代替式（1-20）中的$\Delta p / dL$，则可计算距离管轴$Z_A \to Z_B$任意半径r处的剪切应力

$$\tau_r = \frac{r\Delta p}{2L} \tag{1-21}$$

式（1-21）说明流体中的剪切应力是半径 r 的线性函数，所以在管壁处的剪切应力为

$$\tau_w = \frac{R\Delta p}{2L} \tag{1-22}$$

大多数高分子流体是假塑性流体，流变行为可用 $\dot{\gamma} = k\tau^m$ 表示，所以

$$-\frac{\mathrm{d}v}{\mathrm{d}r} = k\left(\frac{r\Delta p}{2L}\right)^m \tag{1-23}$$

剪切速率 $\dot{\gamma} = -\mathrm{d}v/\mathrm{d}r$，这是因为图 1-22 中 v 随 r 的增加而减小。

将式（1-23）改写成

$$\mathrm{d}v = -k\left(\frac{\Delta p}{2L}\right)^m r^m \mathrm{d}r \tag{1-24}$$

一般情况下，管壁处的流速为零，即 $v_{(r=R)} = 0$（假设为零），设在 r 处的液体流速为 v_r，在区间（$r \to R$，$v_r \to 0$）内求积分

$$\int_0^{v_r} \mathrm{d}v = \int_R^r -k\left(\frac{\Delta p}{2L}\right)^m r^m \mathrm{d}r \tag{1-25}$$

整理得

$$v_r = k\left(\frac{\Delta p}{2L}\right)^m \frac{R^{m+1}}{m+1}\left[1 - \left(\frac{r}{R}\right)^{m+1}\right] \tag{1-26}$$

当 $r = 0$ 时，v_0 即 v_{max} 为

$$v_0 = k\left(\frac{\Delta p}{2L}\right)^m \frac{R^{m+1}}{m+1} \tag{1-27}$$

所以，式（1-26）可改写为

$$v_r = v_0\left[1 - \left(\frac{r}{R}\right)^{m+1}\right] \tag{1-28}$$

因为，微流量 $\mathrm{d}Q = v_r \times 2\pi r\mathrm{d}r$，所以

$$\int_0^Q \mathrm{d}Q = \int_0^R v_0\left[1 - \left(\frac{r}{R}\right)^{m+1}\right]2\pi r\mathrm{d}r \tag{1-29}$$

整理可得

$$Q = k\frac{\pi R^3}{m+3}\left(\frac{R\Delta p}{2L}\right)^m \tag{1-30}$$

管道截面处的平均流速 v_a 的物理意义就是流量除以截面积，因此

$$v_a = \frac{Q}{\pi R^2} \tag{1-31}$$

将式（1-30）代入式（1-31）计算可得

$$v_a = k\frac{R^{m+1}}{m+3}\left(\frac{\Delta p}{2L}\right)^m \tag{1-32}$$

圆管中任意半径 r 处的流速与平均流速的关系

$$\frac{v_r}{v_a} = \frac{m+3}{m+1}\left[1 - \left(\frac{r}{R}\right)^{m+1}\right] \tag{1-33}$$

根据式（1-33），取不同的 m 值，以 v_r/v_a 对 r/R 作图，所得到的流速分布曲线如

图 1-23所示。

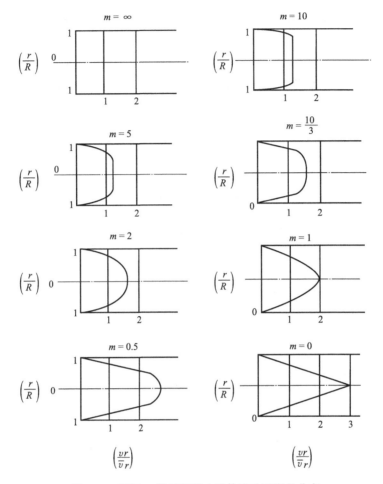

图 1-23 不同 m 值时圆管中流体流动速度的分布

对牛顿流体（$m=1$）来说，流体流动速度分布曲线是二次方的抛物线形；对于胀塑性流体（$m<1$）来说，流体流动速度分布曲线较为陡峭，m 值越小，越接近于锥形；对于假塑性流体（$m>1$）来说，流体流动速度分布曲线较为平坦，m 越大，管中心部分的速度分布越平坦，曲线形状类似于柱塞，称这种流动为柱塞流动，如图 1-24 所示。

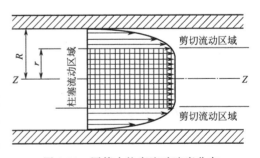

图 1-24 圆管中柱塞流动速度分布

宾哈流体在圆管中为明显的柱塞流动特征，从图 1-24 中可以看出，将柱塞流动看成是由两种流动成分组成。设 r 为距管轴中心某一半径，r^* 为柱塞流动区域半径，R 为圆管半径，则在 $r>r^*$ 区域内为剪切流动，在这一区域内的流体中，剪切应力大于屈服应力，即 $\tau>\tau_y$；在圆管中心处 $r<r^*$ 的区域内，屈服应力大于剪切应力，即 $\tau<\tau_y$，这部分流体具有类似固体的行为；在 $r=r^*$ 处，$\tau=\tau_y$，由一种流动转变为另一种流动的过渡区。

由于柱塞流动中高分子流体受到的剪切应力小，故高分子流体在流动过程中不容易得到良好的混合，组分均匀性和温度均匀性都差，制品性能降低。不利于多组分的简单共混高分子材料的成型。

由于 $\tau = (r\Delta p) / (2L)$，$\dot{\gamma} = k\tau^m$，在圆管中半径 r 处的剪切速率为

$$\dot{\gamma} = k\left(\frac{r\Delta p}{2L}\right)^m \tag{1-34}$$

在管壁处的剪切速率为

$$\dot{\gamma}_w = k\left(\frac{R \cdot \Delta p}{2L}\right)^m \tag{1-35}$$

则

$$\dot{\gamma}/\dot{\gamma}_w = (r/R)^m \tag{1-36}$$

式（1-30）和式（1-35）对比得出

$$Q = \frac{\pi R^3}{m+3}\dot{\gamma}_w$$

所以

$$\dot{\gamma}_w = \frac{(m+3)Q}{\pi R^3} \quad 或 \quad \dot{\gamma} = \frac{(m+3)Q}{\pi r^3} \tag{1-37}$$

3. 表观剪切速率与表观流动常数

表观流动常数 k_a（近似看作牛顿流体）

$$\frac{4Q}{\pi R^3} = k_a\left(\frac{R \cdot \Delta p}{2L}\right)^m \tag{1-38}$$

表观剪切速率 $\dot{\gamma}_a$（又称牛顿剪切速率）是将非牛顿流体看成牛顿流体时的剪切速率，所以

$$\dot{\gamma}_{a,w} = \frac{4Q}{\pi R^3} \quad 或 \dot{\gamma}_a = \frac{4Q}{\pi r^3} \tag{1-39}$$

对比式（1-37）与式（1-39）可得

$$\dot{\gamma}_w/\dot{\gamma}_{a,w} = (m+3)/4 \quad 或 \dot{\gamma}/\dot{\gamma}_a = (m+3)/4 \tag{1-40}$$

由于 $\dot{\gamma} = k\tau^m$，$\dot{\gamma}_a = k_a\tau^m$ 故有 $k/k_a = \dot{\gamma}/\dot{\gamma}_a$

所以

$$k = k_a\frac{(m+3)}{4} \tag{1-41}$$

4. 挤出棒材口模压力降的计算

口模压力降是一个重要的工艺参数，圆管口模压力降符合下面公式

$$\Delta p = 2L\left[\frac{(m+3)Q}{\pi k R^{m+3}}\right]^{\frac{1}{m}} \tag{1-42}$$

计算时，首先利用流动曲线图及公式（1-41）求出 k 和 m，然后利用式（1-42）求出口模压力降。

（二）高分子流体在狭缝形管道内的流动

挤出法生产塑料板材的机头口模属于狭缝形口模，狭缝形流道在加工中也较为常见。

1. 流动过程中的受力分析

狭缝形管道的符号如图 1-25 所示。设当狭缝宽度 W 大于其厚度 h 的 20 倍时，狭缝导

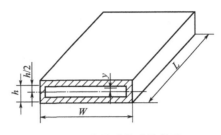

图 1-25　狭缝形管道的符号

管两侧壁对流速的减缓作用忽略不及，在上下管处的流速为零，则

$$-\mathrm{d}v/\mathrm{d}y = k\tau^m \tag{1-43}$$

式中，y 为狭缝形截面上任意一点离中心线的垂直距离。

于是，离中心线 y 处与中心层平行的流层所受的剪切应力为

$$\tau = \frac{y\Delta p}{L} \tag{1-44}$$

将式（1-44）带入式（1-43），积分得

$$v_y = k\left(\frac{\Delta p}{L}\right)^m \frac{1}{m+1}\left[\left(\frac{h}{2}\right)^{m+1} - y^{m+1}\right] \tag{1-45}$$

因为 $Q = 2\int_0^{h/2} Wv_y \mathrm{d}y$ ，所以

$$Q = 2kW\left(\frac{\Delta p}{L}\right)^m \frac{h^{m+2}}{2^{m+2}(m+2)} \tag{1-46}$$

2. 表观流动常数 k''

流体在狭缝导管上下两壁处的剪切应力为 $\dfrac{h\Delta p}{2L}$，与此相对应的表观剪切速率 $\dot{\gamma}''$，将式

（1-46）中的 m 值定为 1，即 $\dfrac{6Q}{Wh^2}$，在这种情况下的表观流动常数 k'' 按定义可写成

$$k''\left(\frac{h\cdot\Delta p}{2L}\right)^m = \frac{6Q}{Wh^2} \tag{1-47}$$

狭缝导管管壁处真正的剪切速率即为

$$-\left(\frac{\mathrm{d}v}{\mathrm{d}y}\right)_{y=\frac{h}{2}} = k\left(\frac{h\Delta p}{2L}\right)^m = \frac{2(m+2)Q}{Wh^2} \tag{1-48}$$

因此

$$k = k''\frac{m+2}{3} \tag{1-49}$$

将式（1-41）和式（1-49）相等，得出

$$k'' = k_a\frac{3(m+3)}{4(m+2)} \tag{1-50}$$

3. 挤出板材机头口模压力降的计算

挤出板材机头口模压力降的计算公式

$$\Delta p = L\left[\frac{2^{m+2}(m+2)Q}{2kWh^{m+2}}\right]^{\frac{1}{m}} \tag{1-51}$$

同理首先利用流动曲线图及公式（1-49）和公式（1-50）求出 k 和 m，然后利用

式(1-51)求出口模压力降。

六、高分子材料加工中的物理和化学变化

了解高聚物加工过程产生结晶、取向、降解和交联等物理和化学变化的特点以及加工条件对它们的影响，并根据产品性能和用途的需要，对这些物理和化学变化进行控制，这在高聚物的加工和应用上有很大的实际意义。

（一）加工过程中高分子材料的结晶

在塑料薄膜拉伸、制品成型及纺丝等的加工过程中常常会出现高聚物的结晶现象，大多数高分子材料结晶的基本特点是结晶速度较慢、结晶具有不完全性、结晶高聚物没有清晰的熔点。

1. 高分子材料的结晶能力

结晶能力是指高分子材料是否能结晶、结晶的难易程度、能达到的最大结晶度。结晶能力主要取决于高分子材料的结构，如分子链的柔顺性、分子结构的对称性、分子间的作用力等因素。

高分子材料加工时有时需要使用新料，有时可以使用再生料，新料是指没有在成型加工中使用过的一种塑料或树脂；再生料是指塑料加工中的边角料或其他来源的废塑料，经过适当处理而使其能再用于制造质量较低制品的物料。一般再生料比新料的结晶度低，再生的次数越多，结晶度越低，因为再生料的分子结构的对称性、规整性受到一定的破坏。为了产品的性能，再生料不宜加入太多。

高分子材料的结晶除了取决于材料本身，还需要外界条件的配合，也就是说结晶高分子材料在不同的加工条件下，既可以形成结晶型材料，也可以形成非结晶型材料（或者说结晶度相当低）。

2. 球晶形成速度与温度

球晶是由无数微小晶片按结晶生长规律的四面八方生长形成的一个多晶聚集体，直径可达几十至几百微米。高分子熔体冷却或浓溶液冷却时发生的结晶过程是大分子链段重排进入晶格并由无序变为有序的松弛过程。

大分子链段重排需要一定的热运动，能形成结晶结构需要分子间有足够的内聚能，热运动的自由能和内聚能要有适当的比值，这是大分子进行结晶所必需的热力学条件。

从图 1-26 可知，在均相成核的条件下，当温度很高（$T > T_m$）时，分子热运动剧烈，分子热运动的自由能远远大于分子间的内聚能，高聚物难以形成有序的结构因而不能结晶。当温度很低（$T < T_g$）时，分子热运动受到抑制，分子热运动的自由能远远小于分子间的内聚能，分子的双重运动处于冻结状态，不能发生有效的分子重排运动和形成结晶结构。所以，只有在 $T_g < T < T_m$ 的温度范围内才可发生结晶，这又分为两种情况，当 $T \to T_g$ 时，分子热运动自由能降低，晶核越稳定，成核数量和成核速度越大，成核速率最大时温度偏向玻璃化温度 T_g 一侧；当 $T \to T_m$ 时，分子热运动增强，晶核越不稳定，故单位时间内成核数量少，速度慢，但有利于链段运动，晶体生长速度快，晶体生长速率最大时的温度偏向于 T_m 一侧。在 T_g 和 T_m 处成核速率和晶体生长速率均为零。

高聚物的结晶速度 v 是成核速度 v_i 和晶体生成速度 v_c 的总效应，因此最大结晶速度 v_{max}

在 $T_g \sim T_m$ 之间有一对应温度，此温度是最大结晶速率温度 T_{max}。对均相成核而言，晶体生长的最大速率 v_{max} 大约在 $0.85T_m$ 处。

最大结晶速率温度 T_{max} 对实际生产具有指导意义，对某一高分子材料所制得的制品来说，如果制品需要较高的结晶度，则在成型过程中，冷却时需要在 T_{max} 附近保温一段时间；如果需要制品的结晶度尽可能的低，则在冷却时必须以最快的冷却速率偏离 T_{max}。

常见的几种高聚物的 T_m 和 T_{max} 见表 1-4。

根据表 1-4 的数据，有人提出了简便的估算式（公式中温度单位为 K）

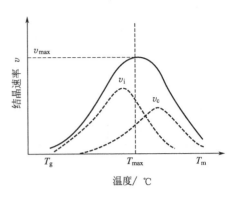

图 1-26　均相成核时高分子材料
结晶速率与温度的关系
v_i—成核速率；v_c—晶体生长速率

$$T_{max} = (0.80 \sim 0.85)T_m \text{ 或 } T_{max} = 0.85T_m \qquad (1-52)$$

综合考虑 T_m 和 T_g 这两个因素，还有人提出如下估算式

$$T_{max} = 0.63T_m + 0.37T_g - 18.5 \qquad (1-53)$$

表 1-4　常见的几种高聚物的 T_m 和 T_{max}

材料名称		T_m/K	T_{max}/K	T_{max}/T_m
天然橡胶		301	249(248)	0.83
全同立构 PS		513	448(436)	0.87(0.85)
PET		540(537)	453(463)	0.84(0.86)
聚乙二酸乙二醇酯		332	271	0.82
聚丁二酸乙二酯		380(376)	303(328)	0.78(0.87)
全同立构 PP		449	393	0.88
PA-66		538	420(413)	0.79(0.77)
PA-6		500	300	0.82
POMM(相对分子质量 40000)		453	361	0.80
聚四甲基对硅亚苯基硅氧烷	相对分子质量 8700	418	338	0.81
	相对分子质量 1400000	423	338	0.80
聚环氧丙烷(相对分子质量 10300)		348	285	0.82

注：括号中的数据来自不同资料。

尽管这些估算式所得结果和实际情况有所出入，但在加工过程中还是非常有用的。

3. 结晶度

结晶具有不完全性，通常用结晶度表示，结晶型高聚物中通常总是同时包含结晶区和非晶区两个部分，结晶度是结晶部分含量的量度，一般高聚物的结晶度在 $10\% \sim 60\%$ 范围。通常以质量百分数 f_c^W 或体积百分数 f_c^V 来表示

$$f_c^W = [W_c/(W_c + W_a)] \times 100\% \qquad (1-54)$$

$$f_c^V = [V_c/(V_c + V_a)] \times 100\% \qquad (1-55)$$

式中　W——重量；

V——体积；

c——结晶部分；

a——非结晶部分。

结晶度这一概念已经沿用很久，但由于结晶高聚物中结晶区和非晶区的界限并不明确，结晶度缺乏明确的物理意义，在同一样品中，存在着不同程度的有序状态，这给准确确定结晶部分含量带来困难。由于各种测试结晶度的方法对有序状态认识不同，就是说对结晶区和非晶区的理解不同，所以不同的测试方法所得到的结晶度有很大区别。

表 1-5　用不同方法测得的三种高分子材料结晶度的比较

测 试 方 法	纤维素(棉花)的结晶度/%	未拉伸涤纶的结晶度/%	拉伸过涤纶的结晶度/%
密度法	60	20	20
射线分析法	80	29	2
红外光谱法	—	61	59
甲酰化法	87	—	—
氘交换法	56	—	—
水解法	87	—	—

从表 1-5 中可知，不同测试方法测得的数据远远超过测量误差，因此，在指出某种材料结晶度时，必须说明测试方法。尽管结晶度缺乏明确的物理意义，但描述加工过程中高分子材料聚集态的变化情况，比较不同结构状态对高分子材料物理性能的影响，结晶度依然是不能缺少的概念，也是加工工艺中的重要工艺参数。

4. 结晶速率

如图 1-27 所示，结晶速率曲线为 S 形，表明结晶速度在中间阶段最快。结晶初期缓慢的速度说明高聚物由熔融态冷却至开始结晶时有一诱导时间 t_i，诱导时间依赖于温度，随温度升高而增加。

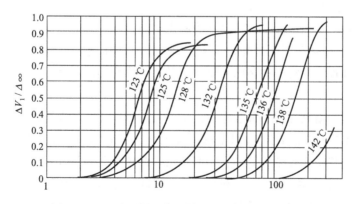

图 1-27　PP 在不同温度下结晶时的体积变化曲线

由于高聚物要达到完全结晶需很长时间，因此通常将结晶度达到 50% 的时间 $t_{1/2}$ 的倒数作为各种高聚物结晶速度的比较标准，称为结晶速度常数 K。$t_{1/2}$ 小，则 K 值大，结晶速率快。

$$K=\frac{1}{t_{1/2}} \tag{1-56}$$

5. 高聚物成核的类型

高聚物成核的类型有均相成核和异相成核。

均相成核（散现成核）是指纯净的高聚物中由于热起伏而自发地生成晶核的过程，过程中晶核密度能连续的上升。

异相成核是指不纯净的高聚物中某些物质（成核剂、杂质或加热时未完全熔化的残余结晶）起晶核作用成为结晶中心，引起晶体生长过程，过程中晶核密度不发生变化。

6. 其他的结晶现象

二次结晶是在一次结晶完了以后，在一些残留的非晶区域和结晶不完整部分即晶体间的缺陷或不完善区域，继续进行结晶和进一步完整化的过程，主要是结晶初期被排斥的比较不易结晶的物质。二次结晶速度很慢，甚至需要几十年。

一次结晶和二次结晶是结晶动力学范畴，在生产过程中，按生产顺序，分为在位结晶和后结晶现象。在位结晶是指在成型模具中的结晶；后结晶是指高分子材料在加工过程中一部分来不及结晶的区域在加工后发生的继续结晶的过程，发生在球晶的界面上，并不断形成新的结晶区域，使晶体进一步长大，所以后结晶是加工中初始结晶的继续。可以这样认为，后结晶的前阶段仍然属于一次结晶，只不过制品离开加工设备；后结晶的后阶段属于二次结晶。不过，一次结晶和二次结晶过程无明显的界限。

二次结晶和后结晶都会使制品性能和尺寸在使用和储存中发生变化，影响制品正常使用。解决措施是在 $T_g \sim T_m$ 温度范围内，对制品进行热处理（退火处理），以加速高聚物二次结晶或后结晶的过程。热处理是一种松弛过程，通过适当的加热能促使分子链段加速排列以提高结晶度和使晶体结构趋于完善。制品的尺寸和形状稳定性提高，内应力降低，制品的熔点升高，耐热性提高，力学性能得到改善。

实际生产中，热处理的温度通常控制在高分子材料热变形温度下 $10 \sim 20℃$，以保证制品在退火处理过程中不发生大的变形。

（二）加工过程中影响结晶的因素

通常将高聚物在等温条件下的结晶称为静态结晶过程，实际上高聚物的结晶都是不等温的（非静态结晶），熔体还要受到外力（剪、拉、压）的作用，产生流动和取向等。这些因素都会影响结晶过程，常将这种多因素影响下的结晶称为动态结晶。

1. 冷却速率（温度）的影响

温度是高聚物的结晶过程中最敏感的因素，温度相差 $1℃$，结晶速度相差若干倍，加工过程中冷却时高聚物从 T_m 降至 T_g 以下的冷却速率，实际上决定了晶核生长和晶体生长条件，高聚物加工过程中能否形成结晶，结晶速度、晶体形状和尺寸都与熔体冷却速率有关。

冷却速率取决于熔体温度 $T_{m,0}$ 和冷却介质温度 $T_{c,0}$ 之间的温度差，即 $\Delta T = T_{m,0} - T_{c,0}$，$\Delta T$ 称为冷却温差。$T_{m,0}$ 一定时，ΔT 取决于冷却介质温度 $T_{c,0}$。

根据冷却温差 ΔT 的大小可大致将冷却速率和冷却程度分为三种情况。

（1）缓慢冷却（ΔT 较小时） 当 $T_{c,0} \to T_{max}$ 时，ΔT 很小，冷却速率慢，接近静态等温过程，均相成核易成大球晶；大球晶导致制品发脆，力学性能低；冷却速率慢导致生产周期长；冷却程度不够易使制品扭曲变形。很少在此状态下加工。

（2）急冷（ΔT 较大时） 当 $T_{c,0} \ll T_g$ 时，ΔT 很大，冷却速率过快，使分子链来不及结

晶而呈现过冷液体的非晶结构，厚制品内部有微晶结构，具有明显的体积松散性，内外晶体结构不均匀导致制品出现内应力。过冷液体结构和微晶结构不稳定，成形后的后结晶导致制品力学性能和尺寸形状发生变化，由于具有种种缺陷，生产厂家很少采用。

（3）中等冷却速率（ΔT 适中时）　当 $T_{c,0}$ 处于 T_g 以上某一温度范围，ΔT 不是很大，利用结晶能获得晶核数量与其生长速度之间最有利的比例关系。晶体生长好，结晶较完整，结构较稳定；制品尺寸稳定性好，生产周期短。适宜成型加工，大多数生产厂家采用中等冷却速率，方法是将冷却介质的温度 $T_{c,0}$ 控制在 $T_g \sim T_{max}$ 之间的某一温度，当冷却介质接近这一温度时再降温，进行第二阶段冷却，使制品脱模后不变形。

2. 熔融温度和熔融时间的影响

熔融温度影响高聚物中原有的少量的结晶结构，熔融温度和在该温度停留的时间会影响高聚物中可能残存的微小有序区域或晶核的数量。晶核存在与否以及晶核的大小对高聚物加工过程的结晶速度有很大的影响。实际生产中，加工温度要高出熔融温度许多，并且有足够的保温时间，因此残存晶核是不存在的。

3. 应力作用的影响

高聚物在成型加工过程中受到高应力作用时，有加速结晶作用的倾向。这是因为应力作用下高聚物熔体取向产生了诱发成核作用，如高聚物受到拉伸或剪切力作用时，大分子沿受力方向伸直并形成有序区域，在有序区域内形成一些原纤，它成为初级晶核引起晶体生长，这使晶核生成时间大大缩短，晶核数量增加以致结晶速度增加。

由于原纤的浓度随拉伸或剪切速率增大而升高，结晶速率随拉伸或剪切速率增大而升高，结晶度和结晶温度随应力增加而提高；应力时间过长，应力松弛会使取向结构减小或消失，熔体结晶速率也就随之降低。

应力对晶体的结构和形态也有影响，低压下生成大而完整的晶体，高压下形成小而形状很不规则的晶体。加工过程中，必须充分估计应力对结晶过程的作用，避免生成出现问题。

4. 低分子物——固体杂质和链结构的影响

某些低分子物质（溶剂、增塑剂、水及水蒸气等）和固体杂质在一定条件下也能影响高聚物的结晶过程，如 CCl_4 扩散入高聚物能促使内应力作用下的小区域加速结晶过程。促进高聚物结晶的固体物质类似于晶核，能形成结晶中心，称之为成核剂（如炭黑、氧化硅、氧化钛、滑石粉和高聚物粉末等）。

成核剂的作用原理大致有两种。其一，成核剂为高分子链段的成核提供了成核表面，可大大增加晶核数目，提高了结晶速率。其二，有些成核剂还能与高分子链段存在某种化学作用力，促使分子链在其表面作定向排列而改变高分子链的结晶过程。

高聚物的链结构与结晶过程有密切关系，高聚物的相对分子质量高，大分子及链段重排困难，所以高聚物的结晶能力一般随相对分子质量的增大而降低。大分子链的支化程度低，链结构简单和立构规整性好的高聚物易结晶，结晶速率快，结晶程度高。

（三）加工过程中高分子材料的取向

高分子材料在加工过程中不可避免地会有不同程度的取向，通常有两种取向过程，一种是高分子材料中存在的细而长的纤维状填料和大分子链在剪切流动顺着流动的方向作平行的排列的现象称为剪切取向，简称取向。另一种是热塑性高分子材料受到拉伸应力时，大分子链沿着流动方向平行排列的现象称拉伸取向。

形成取向的结果就是使产品有了物理力学性能上的各向异性。各向异性产生的原因有两点，一是使主价键与次价键分布不均，在平行于流动方向上以次价键为主，克服次价键需要的力比克服主价键需要的力小得多。二是取向过程消除存在于未取向材料的某些缺陷（如微孔等），或使某些应力集中物同时顺着力场方向取向，这样，应力集中效应在平行的方向上减弱，而在垂直的方向上加强。

如果取向的结构单元只向一个方向称为单轴（单向）取向；如果结构单元向两个方向取向称为双轴（平面）取向。

1. 加工过程中的流动取向

高分子材料在加工时常常在加工设备的管道和型腔中流动，这是一种剪切流动，在剪切流动中，长链分子沿流动方向伸展和取向，同时，因为熔体温度高，分子热运动剧烈，必然存在解取向，所以高分子材料的分子链同时存在着取向与解取向。

在流动过程中，长链大分子取向有一定的分布规律。可从熔体在管道和模具中的流动情形（见图 1-28）中分析。可以看出两种情况。

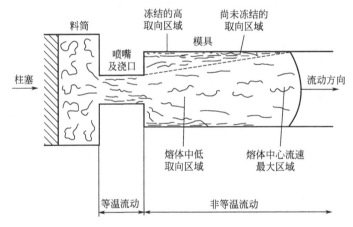

图 1-28 高聚物在管道中和模具中的流动曲线

① 在等温流动区域，由于管壁横截面小，管壁处速度梯度大，靠近管壁附近的熔体取向程度高；在非等温流动区域，熔体进入横截面尺寸较大的模腔后压力逐渐降低，熔体速度梯度由浇口处最大值逐渐降低到料流前沿的最小值，熔体前沿区域分子取向程度低。熔体与温度低得多的模壁接触时，被迅速冷却而形成取向结构很少的冻结层。但靠近冻结层区域的熔体仍然向前移动，且黏度高、速度梯度大，所以次表层熔体有很高的取向程度；模腔中心部分的熔体流动中速度梯度小，取向程度低，又因为温度高，冷却慢，解取向有条件发展，所以模腔中心部分的熔体最终取向程度极低。

② 膜腔内，熔体中的速度梯度沿流动方向降低，流动方向上分子的取向程度逐渐减小。取向程度最大的区域在离浇口不远的位置。因为熔体进入膜腔后最先充满此处，冷却时间长，冻结层厚，剪切作用大，取向程度高。在注塑与挤出成型时，有效取向结构主要存在于较早冷却的次表面层。如图 1-29 所示的注塑成型矩形样条中取向结构分布情况。

流动取向可以是单轴或双轴的，主要由制品的尺寸、形状结构及熔体的流动情况决定。

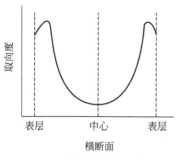
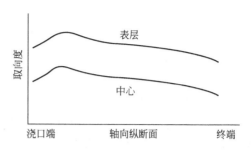

(a) 截面方向的取向分布   (b) 长度方向的取向分布

图 1-29 注塑成型矩形样条中取向结构分布情况

如果流动方向横截面不变，熔体向一个方向流动，取向是单轴的；如果流动方向横截面有变化，则会出现几个方向同时流动，取向会是双轴的或更复杂。

注塑过程中，高分子材料的取向是复杂的，主要和模具因素、工艺因素有关。模具的浇口越长，制品的分子取向程度越大；模腔深度（即物料的流程）越深，则分子的取向程度就越大。工艺因素主要是高分子熔体的温度、模具温度、注塑压力与保压时间等。

在高分子材料加工中，经常为改变制品的性质和目的加入一些填充物，短纤维状或粉末状的不溶物，如玻璃纤维、木粉等，这些填充物由于几何形状的不对称，其长轴与流动方向会形成一定的夹角，在剪切力的作用下填充物的长轴与流动方向相同，发生取向。填料的取向方向总是和液流方向一致。

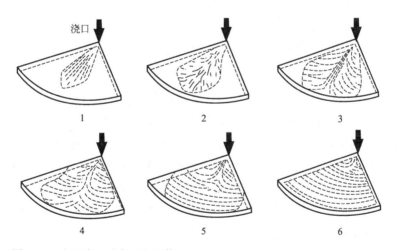

图 1-30 注塑成型时高聚物熔体中的纤维状填料在扇形制件中的取向过程

如图 1-30 所示，在扇形制品中，填料的取向具有平面取向的性质。扇形片状试样在切线方向上的力学强度总是大于径向方向上的力学强度；而在切线方向上的收缩率和后收缩率又往往小于径向。影响纤维状填料取向方向与程度的因素主要有浇口的形状和位置、充模速率。纤维状填料一旦形成取向结构就无法消解。

由于高分子材料的流动取向较为复杂，制品中的分子或填料取向往往是单轴和双轴取向的复杂结合。

2. 加工过程中的拉伸取向

高分子材料的拉伸取向主要由引起高弹形变对应的高弹拉伸、引起塑性形变对应的塑性拉伸以及引起黏性形变对应的黏性拉伸引起的。拉伸时的取向包含着链段的取向和大分子（作为独立结构单元）的取向这两个过程。在外力作用下，先发生链段的取向，然后才引起大分子链的取向。

（1）无定型塑料材料的拉伸取向　无定型材料在拉伸过程中，由于材料变细，高分子材料沿拉力方向的拉伸速率逐渐增加，使材料的取向程度沿拉伸方向增加，如图 1-31 所示。

当温度 $T < T_g$ 时，大分子链和链段都处于冻结状态，材料的弹性模量大，即使用很大的拉力发生的形变也很小，分子链很难进行重排，所以在玻璃态下，高分子材料是不能进行拉伸取向的。

当温度在 $T_g \sim T_f$（或 T_m）之间时，温度升高，材料的弹性模量和拉伸屈服应力降低，所以拉伸应力可减小，若拉伸应力不变则拉伸形变增大。所以升高温度可以降低拉伸应力和增大拉伸速率。当温度足够高时，不大的外力就能使高分子获得较稳定的取向结构和较高的取向程度。

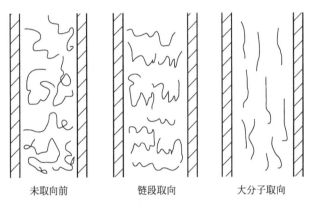

未取向前　　　　　链段取向　　　　　大分子取向

图 1-31　无定型塑料材料的取向过程示意

当温度 $T > T_f$（或 T_m）时，高分子材料处于黏流态，拉伸为黏流拉伸，由于温度很高，大分子和链段的活动能力增强，较小的应力就能引起大分子链的取向、相对滑移、解缠，但由于温度高解取向也很快，所以保留下来的有效取向程度非常低。而且，由于熔体黏度低，容易造成拉伸材料中断，使生产不能连续进行。要使在此温度区间已取得的取向结构能较好地保留下来，则必须采用非常快的冷却速率（即在大分子没有来得及解取向之前冷却）才行，在实际生产中不可行。

从前面的分析可知，无定型塑料材料的拉伸需要低温、快拉、骤冷，低温是指在 $T_g \sim T_f$ 的温度区间内进行拉伸，拉伸温度偏向于 T_g。

（2）结晶型塑料的拉伸取向　结晶型高聚物的拉伸取向通常在 T_g 以上适当温度进行。所需的拉伸应力比非晶型高聚物大，应力随结晶度增加而提高。取向过程包含晶区和非晶区的形变，其中晶区的取向发展快于非晶区的取向发展。当非晶区达到中等取向程度时，晶区已达到最大程度。

高聚物晶区的取向过程包含结晶的破坏、大分子链段的重排和重结晶以及微晶取向等，过程中并伴随有相变化的发生。由于高聚物熔体冷却时倾向于生成球晶，拉伸过程实际上是球晶的形变过程。

结晶型塑料在进行拉伸时，首先，在拉伸之前先将结晶型塑料在特定条件下转变为无定型（指结晶度很低）塑料。工业生产常采取的措施是将材料熔融挤出后的骤冷（一般是水冷）来降低其结晶度。其次，经急冷的材料（一般为片材，也有薄膜）需将温度回升至 $T_g \sim T_m$ 之间的某一适当的温度（称为拉伸温度 T_{dr}）才能进行拉伸，并且拉伸温度要偏离最大结晶速率温度 T_{max}。拉伸时按无定型塑料拉伸取向工艺要诀进行。再次，获得取向结构后，要通过冷却使取向结构保留下来。最后，进行热处理，将已经取向的材料在张紧的条件下，在 T_{max} 附近保温一段时间，然后再冷却下来。热处理的目的一是恢复其结晶度，改善结晶结构；二是在保留分子链取向的基础上，解除链段的取向。因为链段的取向对高分子材料的力学性能贡献不大，能导致制品出现较大的收缩率，这会影响制品的质量。

（3）拉伸温度的讨论　从理论上来看，为了减轻结晶区和非晶区变形的不均匀性，如果某种高分子材料的结晶速率较快，拉伸温度应该取在 $T_{max} \sim T_m$ 之间。如果某种高分子材料的结晶速率较慢，拉伸温度应该取在 $T_g \sim T_{max}$ 之间。但是，在实际生产中，无论分子材料的结晶速率快还是慢，T_{dr} 都取在 $T_g \sim T_{max}$ 之间。这是因为，这样取值减少了能源的消耗，减轻了冷却设备的负担，生产中也不会出现问题。

任务三　高分子材料加工中的热行为

一、高分子材料的热物理特性

在高分子材料加工中，温度条件是非常重要的，如热塑性塑料加工时需要先加热融化，流动成型后再冷却定型，高分子材料的许多重要物理性能往往都与温度有依赖性。如有的塑料熔点较为明显，有的熔点不清晰；加热时塑料表面温度升的快但内部温度升的慢；塑料塑化时，提高螺杆转速会导致即使外界停止加热但塑料会自己升温；制品冷却时，结晶度随冷却速率快慢变化等。

高分子材料热物理特性与材料的加工和应用有密切关系，高分子材料热物理特性与其他材料的热物理特性有着明显的不同。

1. 热膨胀

材料发生热膨胀的根本原因是材料吸收热能，相邻原子或基团由于振动使得间距变大。我们将材料因受温度的升降而使体积发生膨胀或收缩的现象称为材料的胀缩性。不同材料由于聚集态结构不同导致材料具有不同的胀缩性。

材料的胀缩性可以用线膨胀系数和体胀系数来表示，线膨胀系数是指固态物质温度改变 $1℃$ 时，其长度的变化和它在原温度时长度的比值，即长度的变化率，其单位为 $℃^{-1}$。线膨胀系数与分子间作用力有关，与键能有关，键能越强，线膨胀系数越小。因此，共价键或离子键线膨胀系数最小，金属键线膨胀系数居中，高分子材料大分子之间多是范德华力，线膨胀系数最高。体胀系数是指物体温度改变 $1℃$ 时，其体积的变化和它在原温度时体积的比值，即体积变化率。常用的高分子材料的线膨胀系数如表 1-6 所示。

表 1-6 常用的高分子材料的线膨胀系数

高分子材料	线膨胀系数/$\times 10^{-5}\text{℃}^{-1}$	高分子材料	线膨胀系数/$\times 10^{-5}\text{℃}^{-1}$	高分子材料	线膨胀系数/$\times 10^{-5}\text{℃}^{-1}$
HDPE	11～13	硬 PVC	5.0～18.5	POM	10.7
LDPE	16～18	软 PVC	7.0～25	PTFE(填充)	8.0～9.6
纯 PP	9.8	PS	6～8	PA-66	7.1～8.9
玻纤增强 PP	4.9	HIPS	3.4～21	30%玻纤增强 PA-66	2.5
PMMA	5～9	20%～30% 玻纤增强 PS	3.4～6.8	PA-9	15
ACS	6.8	AAS	8～11	PA-11	11
ABS	7.0	玻纤增强 ABS	2.8	PA-1010	14
PET	1.8	玻纤增强 PET	2.5	PA-6	8
乙基纤维素	10～20	醋酸纤维素	8～16	PA-610	10
硝酸纤维素	8～12	PC	6	PA-12	11
20%～30%长玻纤增强 PC	2.13～5.16	20%～30%短玻纤增强 PC	3.2～4.8	MC-PA (碱聚合浇铸)	5～8
PTFE	10～12	聚三氟氯乙烯	4.5～7.0	氯化聚醚	12

高分子材料的胀缩性和其应用密切相关，有的高分子材料比强度高、耐腐蚀性好，经常被用来制作一些仪器仪表和测量工具等的精密机械零件，在制造精密机械时必须考虑高分子材料的线膨胀系数。不同高分子材料所制成的机械零件的配合和装配也要考虑高分子材料的线膨胀系数问题，否则，会因胀缩性不同而产生配合过紧或过松现象，造成产品变形或损坏。

高分子材料胀缩性的大小与分子结构和组成有关，高分子材料是由长链分子形成的聚集态结构。当高分子材料受到环境温度加热时，其聚集态中的分子链段吸收环境热量后动能增加，发生振动，使大分子链间的自由体积增大，导致高分子材料宏观上的体积增大，产生受热膨胀效应。反之，其聚集态中的分子链段的动能下降，振动程度下降，大分子链间自由体积下降，产生冷却收缩效应。高分子经填充或增强，提高分子链刚性，其受热膨胀现象就会下降。

2. 热容

材料在绝对零度时原子具有最低能量。原子得到热能以一定频率与振幅振动，每个原子的振动都会传递给周围的原子，产生一个弹性波，称为声子。声子的能量可以用波长或频率来表示

$$E = hc/\lambda = h\gamma \tag{1-57}$$

材料通过获得或失去声子来获得或失去热量。热容是材料的温度提高 1℃（或 1K）所需的能量，单位为 J·℃$^{-1}$（或 J·K^{-1}）。比热容是将单位质量材料的温度提高 1℃（或 1K）所需的能量，单位为 J·kg^{-1}·℃$^{-1}$。经常使用的还有比定压热容（C_P）或比定容热容（C_V）。在工程计算中，使用比热容更为方便。材料结构对比热容或热容的影响不大。

二、高分子材料加工中的热传导

（一）传热基本概念

1. 传热基本方式

传热即热量传递。热量传递是由于物体内部或物体之间的温差而引起的。当无外功输入时，根据热力学第二定律可知，热量总是从温度较高的物体传给温度较低的物体或从物体温度较高的部分传给温度较低的部分。根据传热机理的不同有传导、对流和辐射三种基本传热方式。

（1）传导　物体内部或接触物体间存在着温差，温度高物体因振动与相邻分子相撞，将部分能量传给温度低的物体（部分）。其特点是物体中的分子或质点不发生宏观的相对位移。在金属固体中，自由电子的扩散运动对导热起主要作用，在不良导热体的固体和大部分液体中，导热是通过振动从一个分子传递到另一个分子；在气体中，导热则是由于分子不规则热运动而引起的。导热是固体中热传递的主要方式。在高分子材料加工中，热传导是主要的传热方式。

（2）对流　又称热对流。仅发生在流体中。由于流体中质点发生相对位移和混合，而将热能由一处传递到另一处。对流分自然对流和强制对流，流体质点的相对移动是因流体内部各处温度不同而引起的局部密度差异所致，称为自然对流。用机械能使流体发生对流运动的称为强制对流。同一流体中有可能同时发生自然对流和强制对流。强制对流在高分子材料加工中时有应用，如塑料熔体在挤出机或注塑机料筒中的流动就是强制对流的一种表现形式。

在实际情况下，流体在热对流的同时，流体各部分之间还存在导热形成一种较为复杂的传热过程。

（3）辐射　是一种以电磁波传递热能的方式。在绝对零度以上，任何物体都能把热能以电磁波形式发射出去，热辐射的特点是不仅产生能量的转移，而且还伴随着能量形式的转换。

热传导和热对流都是靠质点直接接触而进行热的传递，而热辐射则不需要任何物质作媒介，可以在真空中传递。任何物体只要在绝对零度以上，都能发射辐射能，但是只有在高温下物体之间温度差很大时，辐射才成为主要的传热方式。高分子材料加工中，温度往往较低，因此，辐射传递热量一般可忽略。

传导、对流、辐射这三种传热的基本方式，很少单独存在，而往往是互相伴随着同时出现。

2. 高分子材料加工中的传热特性

高分子材料加工中常需要加热和冷却，在加工中传热特性与加工工艺过程及工艺参数控制有着密切的联系。由于塑料是热的不良导体，其热导率比较低，传热速度较慢。在塑料的加热或冷却过程中，其传热效果影响着塑料的加工过程和产品的质量。

PVC 原料和其他助剂在高速混合机中通过高速混合产生的摩擦热使物料升温，当升温至规定温度后出料，出料后需及时进行搅拌冷却，否则出料后物料堆积在一起，PVC 混合物料由于热量不能及时散发，会导致 PVC 发生热降解，热降解反应产生的反应热使物料进一步升温，促使 PVC 混合物料进一步加速热分解。

对于厚壁的塑料制品，由于其表面的冷却速率与其内部的冷却速率不同，使表面的大分子链与内部大分子链的松弛时间不同，导致表面收缩率与内部收缩率不同，使制品容易产生内应力，而使制品生产翘曲、变形，产生银纹，严重时产生开裂现象；再如，在塑料的注塑、挤出操作中，开机前首先要加热料筒，当料筒温度被加热至设定温度时，还需要保温一段时间才能启动主机，这是因为料筒内原有的塑料物料传热速度比较慢，需要一定时间热量才能通过传热作用均匀分布于料筒内部，否则容易产生启动载荷过大，使电机过载而损坏，严重时使螺杆损坏。

挤出成型中，单螺杆挤出机向高效高速方向发展，现已出现的螺杆转速高达 $1000 \text{r} \cdot \text{min}^{-1}$，在这样高的转速下，固体塑料在螺槽内受剪切摩擦产生的热量足以使其熔融塑化，生产正常后，往往不需要外界加热，甚至剪切摩擦产生的热量过剩，反而需要通过冷却来降低料筒温度。所以必须注意物料自身由于剪切摩擦产生的热量。

（二）高分子材料加工中的热传导

1. 傅里叶定律

傅里叶定律是一维稳定热传导的基本定律。是指在平壁内单位时间以热传导的方式传递的热量与垂直于热流的横截面积成正比，与平壁两侧的温差成正比，而与热流方向上的路程长度成反比。

如图 1-32 所示，一个均匀材料构成的平壁，平壁两侧表面积为 A，壁厚为 δ，平壁一侧温度为 T_{w1}，另一侧温度为 T_{w2}，如果 $T_{w1} < T_{w2}$，导热公式为

$$Q = \lambda A (T_{w1} - T_{w2}) / \delta \qquad (1-58)$$

式中　Q——单位时间内通过平壁的导热量，即导热速率，W；

$T_{w1} - T_{w2}$——平壁两侧表面的温差，℃；

A——垂直于导热方向的截面积，m^2；

δ——平壁的厚度，m；

λ——高分子材料的热导率，$\text{W} \cdot (\text{m} \cdot \text{℃})^{-1}$。

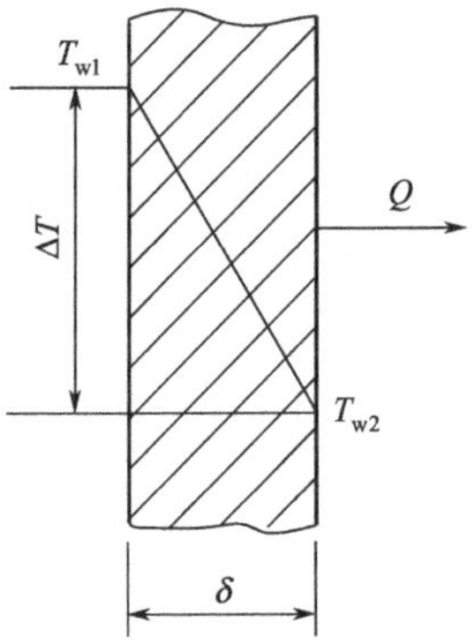

2. 热导率

图 1-32　单层平壁热传导

热导率是物质的物理性质，反映物质导热能力的大小。λ 越大，导热性能越好，相同条件下导热量越多。

将式（1-58）改写

$$\lambda = Q / [(T_{w1} - T_{w2}) A / \delta] \qquad (1-59)$$

当垂直于导热方向的截面积为 1m^2，平壁的厚度为 1m，两侧温差为 1℃ 时，单位时间的导热量就和热导率相等。

热导率的大小与物质的组成、结构、密度、温度及压力等有关。一般而言，金属的热导率最大，非金属固体次之，液体的较小，而气体的最小。

塑料的热导率在固体材料中是略微偏低的，热塑性塑料的热导率一般在 $(4.185 \sim 46) \times 10^{-2} \text{W} \cdot \text{m}^{-1} \cdot \text{℃}^{-1}$ 的范围内，因此，厚制品在加工过程中加热或冷却是个难题。

在加工过程中，热塑性塑料发生物态变化时，热导率有明显变化；热导率对温度有依赖性，通常随温度的升高而增大，结晶型塑料尤为明显，无定型塑料变化较小；压力对热导率

也有影响，一般随压力升高而增大。

（三）高分子材料的热扩散系数

高分子材料的热扩散系数表达式如下

$$\alpha = \lambda / (\rho \cdot C_p) \tag{1-60}$$

式中　α——热扩散系数，$10^{-2} cm^2 \cdot s^{-1}$；

λ——高分子材料的热导率，$W \cdot m^{-1} \cdot ℃^{-1}$；

ρ——密度，$g \cdot cm^{-3}$；

C_p——定压比热容，$J \cdot g^{-1} \cdot ℃^{-1}$。

某些材料常温下的传热性能数据见表1-7。

表 1-7 某些材料常温下的传热性能数据

材 料 名 称	热扩散系数/$\times 10^{-2} cm^2 \cdot s^{-1}$	定压比热容/$J \cdot g^{-1} \cdot ℃^{-1}$	材料名称	热扩散系数/$\times 10^{-2} cm^2 \cdot s^{-1}$	定压比热容/$J \cdot g^{-1} \cdot ℃^{-1}$
HDPE	18.5	2.30	PC	13.0	1.46
PP	6.0	1.92	PTFE	11.1	1.05
PS	10.0	1.34	NR	8.2	1.88~2.09
RPVC	15.0	1.0	CR	6.5	2.18
SPVC	6.0~8.5	1.25~2.1	钢(20℃)	1250	0.11
PA	12.0	1.67	铜(20℃)	11440	0.091
ABS	11.0	1.59	铝(20℃)	9110	0.22
POM	11.0	1.46	玻璃(20℃)	44.4	0.16
木材	14.7	0.42			

从表1-7中可以看出，高分子材料是热的不良导体，定压比热容只比金属材料大1个数量级，热扩散系数却要比金属材料小2～3个数量级。因此，在加工过程中，要在短时间内达到物料内部温度很均匀是不可能的，所以生产中也不要求物料内部的温度很均匀，只要各部分的温度差比较小，就可以生产出合格的制品。

从不同资料查得的热扩散系数的数据有很大差别。表1-7中所列的数据是在常温状态下求得的。如果需要计算加工温度范围内各种高分子材料的热扩散系数是非常麻烦的。这是因为，首先，热导率是随温度的变化而变化的，一般固体的热导率随温度升高而增大；液体的热导率（水和甘油除外）随温度的升高而下降。高分子材料在 T_g 以下时具有固体性质，热导率也随温度的升高而增大，因而在 T_g 处出现一极大值。橡胶以外的各种非晶态高分子材料的热导率也都符合这一规律。其次，高分子材料的密度也随温度的升高而减小。并且熔融状态下高分子材料的密度也很难计算。再次，定压比热容也随温度变化明显，变化规律复杂，所以热扩散系数的数据在很大程度上是很粗糙的，从实验数据来看，在较大温度范围内，各种高分子材料的热扩散系数的变化幅度通常不足两倍。

三、高分子材料加工中的生成热

高分子材料在加工过程中，受到各种机械作用，部分机械能会转变热能，在不同的情况下，会产生各种形式的生成热。如物料在高速混合机中进行高速混合由于物料与混合机内壁的摩擦而产生摩擦热；在挤出、注塑时，高分子熔体由于受到剪切作用，形成剪切热等。橡胶制品在使用时受到周期应力或交变应力作用，会使制品的温度升高；在发泡塑料的生产中，还存在化学反应热。因此，生产工艺的控制应注意材料的生成热。

（一）高分子熔体因摩擦而生成的热量

高分子熔体在流动过程中，由于高分子熔体内部分子的摩擦而产生大量的热量，使熔体黏度降低，塑料熔体的剪切摩擦热的计算公式如下

$$Q = \eta_a \dot{\gamma}^2 / J \qquad (1-61)$$

式中　Q——剪切摩擦的热流量，$J \cdot cm^{-3} \cdot s^{-1}$；

　　　J——热功当量，$9.6 \times 10^{-2} J \cdot kg^{-1} \cdot cm^{-1}$；

　　　$\dot{\gamma}$——剪切速率，s^{-1}；

　　　η_a——表观黏度，$kgf \cdot s \cdot cm^{-2}$。

用摩擦热加热高分子材料在成型加工过程中是一种常用的方法，它使熔体分解的可能性很小，因为表现黏度随温度的升高而下降很快。

在近代注塑成型技术中，制品复杂、物料黏度大、注塑压力高，在喷嘴中熔体压力有时可高达 $98.1 \sim 196MPa$。熔体在喷嘴中的流动相当于绝热条件压力损失，大部分都通过内摩擦作用转换为内能，使熔体的温度升高，其值可用下式计算

$$\Delta T = \Delta p / (\rho - C_p) \qquad (1-62)$$

式中　ΔT——熔体通过喷嘴时温升值，K；

　　　Δp——熔体通过喷嘴时压力降，$N \cdot m^{-2}$；

　　　ρ——密度，$kg \cdot m^{-3}$；

　　　C_p——定压比热，$J \cdot kg^{-1} \cdot k^{-1}$。

（二）在周期应力作用下，由内耗所引起的温升

橡胶制品在使用时受到周期应力或交变应力作用，图 1-33 比较了三种作用频率下形变与温度的关系，其中 $\omega_1 > \omega_2 > \omega_3$，从图 1-33 可见，随频率的增加，曲线的形状几乎不变，但向高温方向移动。也就是说，T_g 随外力作用速度的增加而提高，高弹形变的总量并不改变。在橡胶制品的实际使用中，提高作用频率相当于降低温度，这是由高分子链运动存在松弛时间引起的。例如，在静态应力作用下，直到 $-50℃$ 还保持高弹性的橡胶，在频率为 $100 \sim 1000r \cdot min^{-1}$ 的动态应力作用下，$-20℃$ 就能玻璃化而变硬、变脆。也就是说，不考虑橡胶使用的动态工作方式而得出的橡胶耐寒性结论是错误的。例如，作为胶管使用的橡胶弹性很好，但作为飞机起落架用就可能不适用。

在橡胶塑炼、混炼过程中，也会遇到作用速度的影响，例如快速密炼对塑炼效果很好，这是由于快速密炼，就要加快转子转速，提高了外力作用速度，分子链来不及松弛，分子链的相对滑移和各链段相应减少，橡胶大分子链断裂机会增加。

滞后现象会引起内耗导致橡胶温度上升，计算在周期应力作用下的内耗使温度上升的数值是非常必要的，正弦交变应力作用下的形变是最简单的动态形变。橡胶的正弦交变应力作用形变表明，形变滞后于应力，并产生一定的相位差 δ，如图 1-34 所示。

若应力变化服从正弦定律，则形变也服从正弦定律变化，但落后一个相位 δ。

$$\sigma = \sigma_0 \sin\omega t \qquad (1-63)$$

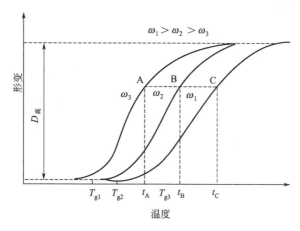

图 1-33　作用速度不同橡胶的温度-形变曲线

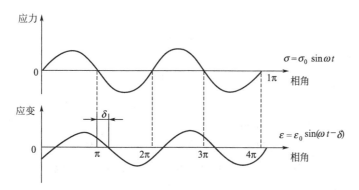

图 1-34　应力与应变的相位

$$\varepsilon = \varepsilon_0 \sin(\omega t - \delta) \tag{1-64}$$

式中　σ_0——应力的最大振幅；

　　　ε_0——应变的最大振幅；

　　　δ——相位差（损耗角）；

　　　ω——角频率；

　　　t——形变周期，$t = 2\pi/\omega$。

对于角频率为 ω 的周期形变来说，每单位时间的振动数 v，则 $\omega = 2\pi v$，每形变一周期所需的时间 $t = 1/v = 2\pi/\omega$。每一周期形变所做的功 W 即周期形变损耗为

$$W = \int_0^t \sigma \times \mathrm{d}\varepsilon \tag{1-65}$$

将式（1-63）和式（1-64）代入

$$W = \int_0^{2\pi/\omega} \sigma_0 \sin\omega t \times \mathrm{d}[\varepsilon_0 \sin(\omega t - \delta)] = \sigma_0 \varepsilon_0 \omega \int_0^{2\pi/\omega} \sin\omega t \cos(\omega t - \delta)\mathrm{d}t$$

运算可得，

$$W = \pi \sigma_0 \varepsilon_0 \sin\delta \tag{1-66}$$

式（1-66）说明单位体积的物料在每一循环中所做的功 W 与三个量有关，即与 σ_0、ε_0 和 $\sin\delta$ 成正比。由于 σ_0 是常数，热效应仅与 ε_0 和 $\sin\delta$ 有关。如图 1-35 所示，在玻璃态时，

由于 ε_0 很小，在充分发展的高弹态时，形变虽然很大，但相位差微不足道，$\sin\delta$ 值很小，因此 ε_0 $\sin\delta$ 也很小；而在玻璃态和高弹态的过渡区，形变量 ε_0 已是相当可观，滞后现象 $\sin\delta$ 又很明显，这时，力学损耗有一极大值；当温度较高时，物料发生黏流时，内耗又急剧上升。为了求得单位时间内散发的热量 ΔH，可将每一周期中的损耗乘以单位时间内的振动数 $v = 1/T = \omega/(2\pi)$，得

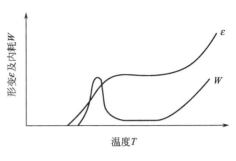

图 1-35　同温度下的力学损耗以及形变曲线

$$\Delta H = W \times v = \frac{1}{2}\omega\sigma_0\varepsilon_0\sin\delta \qquad (1\text{-}67)$$

式（1-67）说明单位时间内的生成热与作用频率有关。随着 ω 的增大，放出的热量越多。查得物料的热导率和比热容，将损耗功换算成热量单位，可从损耗的热量估算出胶料温度上升的数值。

（三）高分子材料在成型加工中的化学反应热

在高分子材料的成型加工过程中，凡是有化学反应发生时，都伴随着热效应。用化学发泡剂生产泡沫塑料时，发生化学反应，放出或吸收热量。例如，发泡剂 H 在 218℃的生成热为 $+2.40\mathrm{J\cdot kg^{-1}}$（＋表示释放能量，－表示吸收能量）；又如发泡剂 AC 在 229℃的生成热为 $+0.7\mathrm{J\cdot kg^{-1}}$，而在 246℃的生成热为 $-0.34\mathrm{J\cdot kg^{-1}}$，从整个过程来看，其生成热的总和为 $+0.36\mathrm{J\cdot kg^{-1}}$。橡胶硫化过程也是放热反应，在 184℃硫化时，含 4%硫黄的胶料的反应热为 $+41.8\mathrm{J\cdot kg^{-1}}$。综上所述，加工中必须注意化学变化生成热，防止加热过度，温度过高，影响产品质量，应加以预防。

任务四　常用的高分子材料

一、常用的树脂

1. 热固性树脂

在加工的某个阶段是既可以溶解也可以熔化的固态，或者是可以流动的液态，通过加热、催化或其他方法发生化学变化后交联成既不能溶解也不能受热熔化的三维体型结构的树脂，称为热固性树脂。

常见的热固性树脂有 PF 树脂（酚醛树脂）、UP 树脂（不饱和聚酯）、EP 树脂（环氧树脂）、UF 树脂（脲醛树脂）、三聚氰胺-甲醛树脂、PU 树脂（聚氨酯树脂）等。

热固性树脂具有刚性和硬度大、尺寸稳定性好、耐热、耐燃、价格低廉等特点。

（1）酚醛树脂（PF）与塑料　酚类化合物和醛类化合物缩聚而得。最常用的是苯酚和甲醛制得的酚醛树脂。

PF 塑料具有力学强度高、性能稳定、坚硬耐腐、耐热、耐燃、耐大多数化学药品、电绝缘性良好、制品尺寸稳定性好、价格低廉等优点。主要用于电绝缘材料，故有电木之称。当用碳纤维增强后，能大大提高耐热性，已应用于飞机、汽车等方面。在宇航中可做烧蚀材料以隔绝热量，防止金属壳层熔化。

（2）不饱和聚酯（UP）　在主链中含有不饱和双键的一类聚酯，是由不饱和二元酸或酐（主要为顺丁烯二酸或其酸酐，另有反丁烯二酸等）和一定量的饱和二元酸（如邻苯二甲酸、间苯二甲酸等）与二醇或多元醇（如乙二醇、丙二醇、丙三醇等）缩聚获得的线形初聚物。

加入饱和二元酸的目的是调节双键密度和控制反应活性。

可加入玻璃纤维增强形成复合材料，称之为玻璃纤维增强不饱和聚酯塑料，因其力学强度很高，在某些方面接近金属，故称为玻璃钢。

UP 主要用做玻璃纤维增强塑料，其比强度高于铝合金，接近钢材，因而，在运输工业上用做结构材料，能起到节能作用。加工设备简单、操作方便，此外也可用做建筑材料、化工防腐蚀设备、容器衬里及管道等。

（3）氨基塑料　指由含氨基官能团（主要是尿素和三聚氰胺）与醛类经缩聚反应生成的高聚物。主要有脲-甲醛树脂、三聚氰胺（蜜胺）甲醛树脂、脲-三聚氰胺甲醛树脂。因其美丽如玉，又具有优良的电性能，因而被称为电玉粉，再经模压成型可得到氨基模塑料制品。

脲醛树脂具有质坚硬、耐刮痕、无色透明、耐电弧、耐燃自熄等特点。适合制电器开关、插座、照明器具。由于它无毒、耐油、不受弱碱和有机溶剂的影响，因而，可用于日用器皿、食具，其层压板可作为装饰面板、家具、包装器材等。三聚氰胺-甲醛树脂具有脲醛树脂的优点外，还具有耐热水性，可制成仿瓷制品，作为餐具及厨房用具。其经玻璃纤维及石棉纤维增强后，因具有高的耐电弧性，因而可作为各种开关、灭弧罩和防爆电器零件、飞机发动机零件以及电器零件等。

（4）聚氨酯（PU）　分子链的重复单元含有氨基酯基的高聚物，简称为聚氨酯（PU）。把含有羟基的聚醚树脂或聚酯树脂与异氰酸酯发生亲电加成聚合反应而得，可以制成泡沫塑料、弹性体、化学纤维、涂料及胶黏剂等性能和用途各不相同的多种制品。

（5）环氧树脂（EP）　在分子两端含有环氧基团，同时在分子链中含有羟基和醚键的树脂，统称为 EP 树脂。习惯上把含有 2 个或 2 个以上环氧基团的能交联的高聚物统称为 EP 树脂。EP 树脂是线形的大分子，可以和多种类型的固化剂发生交联固化反应，从而将其线形结构变为体形结构，得到热固性的高聚物。工业上应用最普遍的是二酚基丙烷（即双酚 A）和环氧氯丙烷缩聚而得的二酚基丙烷 EP 树脂，但一般称之为双酚 A 型EP 树脂。

EP 树脂耐化学腐蚀性好、力学强度高、尺寸稳定性好、黏结性及电性能优良，可以用作铸塑塑料、泡沫塑料、模压塑料，也可用作黏合剂、涂料和胶泥。

2. 热塑性树脂

热塑性树脂是指受热后软化，冷却后又变硬，软化和变硬可重复、循环，可以反复成型的树脂。

（1）通用热塑性塑料

聚乙烯（PE）（产量第一）：无毒、无味，几乎不吸水，密度比水小。LDPE、HDPE、LLDPE 蠕变大、尺寸稳定性差，不能做结构使用。UHMW-PE 可以制作传动零件。PE 易燃，易受光氧化、热氧化、臭氧氧化分解，制品变色、龟裂、发脆直到破坏。PE 耐辐射性较好，受高能射线照射时，发生交联反应。具有突出的电绝缘性和介电性能，特别是高频绝缘性极好，并不受湿度和频率的变化而影响，故常用作电器零部件、电线及电缆护套。有优良的化学稳定性，在室温下无溶剂能溶解它。

聚丙烯（PP）：宜采用注塑、挤出、吹塑等方法成型加工，用途广泛，主要用于制造薄膜、电绝缘体、容器、包装品等，还可用作机械零件如法兰、接头、汽车零件、管道等，可用做家用电器如电视机、收录机外壳、洗衣机内衬等。由于其无毒及一定耐热性，广泛用于医药工业如注塑器及药品包装、食品包装等，并且 PP 可拉丝成纤维，用于制作地毯及编织袋等。

聚氯乙烯（PVC）（产量第二）：主要应用于：①软制品，主要是薄膜和人造革，薄膜制品有农膜、包装材料、防雨材料、台布等；②硬制品，主要是硬管、瓦楞板、衬里、门窗、墙壁装饰物；③电线电缆的绝缘层；④地板、家具、录音材料等。

聚苯乙烯（PVC），具有透明、价廉、刚性大、电绝缘性好、印刷性能好、绝热性能好、有益的加工性能等优点，广泛用于工业装饰、各种仪器仪表零件、灯罩、电子工业中的高频零件、透明模型、玩具、日用品等，还可用于制备泡沫塑料，作为重要的绝缘和包装材料。

（2）热塑性工程塑料

聚酰胺（PA）：具有机械强度优良、耐磨、自润滑、耐油、难燃自熄性、低的氧气透过率及优良的电性能等优点。但有吸水率高、制品性能及尺寸稳定性差、热变形温度低和不耐酸等缺点。主要用于制作耐磨和受力传动零件，如齿轮、滑轮、涡轮、轴承、泵叶轮、密封图、衬套、阀座及垫片等。已广泛应用于机械、交通、仪器仪表、电子电气、通讯、化工及医疗器械等领域。

聚碳酸酯（PC）：能代替金属广泛应用于各领域，在机械工业中制作传递中、小负荷的零部件（如齿轮、齿条、涡轮、涡杆等）和受力不大的紧固件（螺钉、螺帽）。在电子电气工业中制造大型接插件、线圈架、电话机壳、电视和录像机零件。聚碳酸酯膜广泛用于电容器零件、录音带和彩色录像带等。随着光盘、唱片和计算机软盘需要的增加，高纯度的聚碳酸酯产量也增加。聚碳酸酯广泛应用于飞机、车船上的挡风玻璃、大型灯罩、防爆玻璃、高温透镜等，也可制作安全帽及医疗器械。

聚对苯二甲酸乙二醇酯（PET），PET 以前主要用做纤维制服装，其强力纤维（经拉伸等特殊处理）可用做帘子线、传动带、绳索和化工滤布，也用于制造薄膜。PET 薄膜是热塑性塑料薄膜中机械强度和韧性最佳者之一。薄膜可用于电影胶片、X 光片基、录音与录像带等。由于电性能好，可广泛用于电容器、印刷电路、电绝缘材料。中空容器聚酯瓶主要用作各种包装容器。改性后，广泛地应用于电子、电器、汽车、机械及文体用品，如制作连接器、线圈骨架、微电机部件、电动机推架、钟表零件、齿轮、凸轮、叶片、泵壳体、皮带轮等。

聚对苯二甲酸丁二酯（PBT），广泛应用于电器、汽车、机械设备以及精密仪器的零部件，以取代铜、锌、铝及铸铁件。

二、常用的生胶

我国按外观、化学成分和物理机械性能等 3 个方面的指标进行分级。

（1）烟胶片　是由天然胶乳经酸凝固、压片，然后熏烟干燥而制成。物理力学性能较好，保存期长，是 NR 中最好的品种。

（2）绉胶片　由于制造时所用原料不同，可得白绉片、褐绉片和毛绉片 3 个品种。

（3）颗粒胶或标准马来西亚橡胶（SMR）　由于制造颗粒胶时整个生产流程是连续化的，因此，生产操作方便，也有利于质量控制，所以，得到的生胶含杂质量较少，性能与烟片胶基本相同。颗粒胶是按马来西亚橡胶的分级方法来定级的。按橡胶中杂质含量和塑性保持率等与制品工艺性能有关的主要指标划分等级的。

（4）风干胶片　它是用胶乳作原料加入化学催干剂（主要是二氯化锡），然后用酸凝固，再经压片、风干等工序制成。

（5）恒黏（CV）和低黏（LV）橡胶　恒黏橡胶是一种黏度恒定的橡胶，在保存过程中保持黏度恒定。低黏度橡胶是在恒黏橡胶制造中加入少量（约 4%）的环烷油，使生胶的门尼黏度降低到 50 ± 5 的范围。

（6）轮胎橡胶（TR）　由胶乳、胶片、胶团凝块等各占 30% 的比例和 10 份油混合制成。

（7）充油天然橡胶　在 NR 中掺入一定量的石油系操作油，即制成充油天然橡胶。

（8）易操作橡胶（SP）　由部分硫化胶乳和新鲜胶乳合制成。

高分子材料成型用物料的配制

任务一 硬 PVC 塑料管材的原料配方及初混合

在实际应用中，高分子材料中一般有树脂和各种助剂。高聚物共混合添加改性的目的是为了改善高聚物的加工性，改进制品的使用性能或降低成本。

树脂中加入助剂就形成了一种多组分体系，于是就有配方设计和混合配制的工作。根据成型方法的需要，应将树脂与助剂配制成粉料或粒料、溶液或分散体。

【生产任务】

> 掌握常用树脂的性质，掌握物料组成中各种助剂的性能及作用。能设计出合理的塑料制品配方，并写出具体的物质，说明原因，选择混合设备进行初混合。
>
> 任务要求：塑料配方基本合理，正确进行初混合。

【任务分析】

根据塑料制品的使用要求，选择合适的树脂和助剂，要掌握塑料成型所需要的各种组分及其性能和适用范围，选择合适混合设备，得到初混合物料。

【相关知识】

一、物料的组成和助剂的作用

1. 高聚物

树脂是塑料中的主要组分，成型后在制品中应成为均一的连续相，能将各种助剂粘接在一起，并赋予制品必要的物理机械性能。成型过程中，在一定条件下应有流动和形变的性能（塑性），所用的树脂可以是热塑性也可以是热固性的。

树脂种类不同，制品的性能和使用范围不一样；同一品种树脂，生产方法不同，制品的性能也不相同，加工工艺和使用范围也有差异；同一种生产方法的树脂，由于牌号不同，加工性能和用途有差异，同一牌号的树脂，批次间的差异也有可能造成制品性能的改变。

2. 增塑剂

增塑剂是指用以使高分子材料制品塑性增加，改进其柔软性、延伸性和加工性的物质。增塑剂主要用于 PVC 树脂中。目前约 80％～85％的增塑剂用于 PVC 塑料制品中，其次则用于纤维素树脂、PVAc、ABS 树脂和橡胶中。以 PVC 为例，当其仅加稳定剂和润滑剂时，得到的是刚性的硬质 PVC 塑料制品。加入增塑剂后，削弱了 PVC 分子间的作用力，增加了其塑性，当增塑剂超过 30 份时，就可制得软质 PVC 塑料制品。通常情况下，软质 PVC 塑料 100 份树脂中加入 45～50 份增塑剂。

理想的增塑剂应在一定范围内与树脂具有良好的相容性、挥发性小，有良好的耐热、耐光、无毒及不燃等性能，而且要保证在混合和使用的温度范围内能与高聚物形成真溶液，引入增塑剂量要适当，过多会影响产品使用性能。不同的增塑剂对制品性能影响不同，单独使用可能无法满足要求，工业上常采用混合增塑剂。

3. 防老剂

高聚物在成型或长期使用或储存过程中，会因各种外界因素（光、热、氧、射线、细菌、霉菌等）的作用而引起降解或交联，并使高聚物性能变化而不能正常使用。为防止或抑制这种破坏作用而加入的物质通称防老剂，它主要包括热稳定剂、抗氧剂、光稳定剂、抗臭氧剂和生物抑制剂等。

热稳定剂主要用于 PVC 塑料中，是生产 PVC 塑料最重要的助剂。PVC 是热不稳定的塑料，其加工温度和分解温度相当接近，只有加入热稳定剂才能实现在高温下的加工成型。热稳定剂有预防性的，如中和 HCl、取代不稳定氯原子、钝化杂质、防止自动氧化等；还有补救性，如与不饱和部位反应和破坏碳正离子盐等。在所有的热稳定剂中，硫醇有机锡兼有多种热稳定作用，其他的热稳定剂往往只有一种热稳定作用，必须与其他的热稳定并用才能发挥效能。

抗氧剂是指可抑制和延缓高分子材料自动氧化速度，延长其使用寿命的物质。在橡胶工业中也被称为防老剂。常见的抗氧剂有醛胺类、酮胺类、二芳基仲胺类、对苯二胺类、酚类、硫代酯及亚磷酸酯等。

光稳定剂是指可有效地抑制光致降解物理和化学过程的一类化合物，通常用量为 0.05％～2％。常见的光稳定剂有炭黑、颜料和其他填充剂，二苯甲酮类，苯并三唑类，受阻胺类，取代丙烯腈类，芳香酯类，三嗪衍生物等。

生物抑制剂就是保护材料免受微生物不利影响的物质。通常用量为 0.3％～5％。常用的有以下几种：酚类化合物（苯酚、氯代苯酚及其衍生物）、季铵盐化合物、有机锡化合物、有机汞化合物、有机铜化合物、苯胺类化合物、氮杂环化合物、有机卤化物等。

4. 填充剂

为了改善塑料的成型加工性能，提高某些技术指标，赋予塑料制品某些新性能或为了减少高聚物的用量，降低成本而加入的物质称为填充剂，填充剂已广泛地应用于高分子材料制品中。

填充剂按来源分有无机填充剂和有机填充剂；按形式分有粉状、纤维状、片状。常用的填充剂有滑石粉、木粉、陶土、硅藻土、炭黑粉、石棉纤维、玻璃纤维、碳纤维、棉布、玻璃布等，填充剂的用量通常为塑料组成的 40％以下。

随着超细颗粒和纳米材料的出现以及各种表面改性技术的发展，尤其是有机/无机复合材料的出现，单纯增量的功能日益减弱。

5. 润滑剂

润滑剂是降低熔体与加工机械或模具之间和熔体内部相互间的摩擦和黏附，改善流动性，促进加工成型，利于脱模，提高生产能力和制品外观质量及光洁度等的一类助剂。主要用于 PVC，也用于聚烯烃、PS、ABS 等加工中，一般用量为 0.5～1 份。

优良润滑剂应具有良好的相容性；分散性良好，不引起颜色漂移；热稳定性良好，具有高温润滑性，加工温度下挥发性较低，不分解，不变色；不影响制品强度，耐老化性和透明度，用于食品包装材料必须无毒；价廉。常用的有烃类、脂肪酸类、酯类、脂肪酸酰胺类、醇类、金属皂类等。

6. 着色剂

为了使制品获得各种鲜艳夺目的颜色，增加美观度而加入的一种物质称为着色剂。着色剂常为油溶性的有机染料和无机颜料。着色剂应该在加工中稳定不变、与塑料亲和力强、容易着色、耐光耐热性好、不与其他助剂作用。

7. 固化剂

在热固性塑料加工时，有时需要外加一种可以使树脂完成交联反应、形成交联结构的物质，称为固化剂。例如酚醛树脂模塑粉中加入六亚甲基四胺。

除上面介绍的，还有用于特殊目的的助剂，如发泡剂、阻燃剂、抗静电剂等。

二、高分子物料混合

塑料成型前物料的混合主要包括原料的准备、混合、混合物造粒三个工艺过程。

1. 物料混合工艺

原料的准备通常包括原料的预处理、称量及输送。

（1）原料的准备　首先要将树脂过筛以除去机械杂质、吸磁以除去金属杂质和干燥处理以除去水分，增塑剂使用前应通过一定细度的滤网进行过滤。通常，在混合前要对增塑剂预热，以降低其黏度并加快其向树脂中扩散的速度，同时强化传热过程。

稳定剂、填充剂和着色剂等组分大都是直径在 $0.5\mu m$ 以上的固体粒子，要将其分散在树脂中比较困难，并且容易造成粉尘飞扬，影响加料的准确性，甚至有些助剂会危害人体健康，因此，最好事先把它们制成浆料或母料后再加到混合料中混合。浆料的制备方法是先将助剂和增塑剂按比例称取，然后搅拌均匀。有时，搅拌后还须再用三辊研磨机或其他装置研细。

为保证配比准确，各组分原料须经准确称量。

（2）物料的混合　混合一般由初混合和初混物的塑炼两部分组成。

物料的初混合是在树脂熔点以下，在较为缓和的剪切力作用下进行的简单混合。其过程仅在于增加各组分微粒空间的无规则排列程度，微粒的尺寸尚未减小。混合依靠设备的搅拌、振动、翻滚、研磨等作用完成。初混合通常是按下列次序逐步加入的：树脂，增塑剂，由稳定剂、染料等调制的混合物和其他固体物料等。

在塑炼前用初混合先使原料各组分间达到一定的均匀混合是合理的。如果单凭塑炼以求得到合格的均匀性，则塑炼时间必须延长，这样不但延长了生产周期，而且会使树脂受到更多的降解。

经初混合得到的干混料，虽然原料组分有了一定的均匀性，但仍存在高聚物本身因聚合条件差异造成的不均匀性，还可能含有的杂质、单体、催化剂、水分等难以去除。初混物塑炼的目的在于借助加热和剪切力的作用使高聚物（混合物）熔化、剪切、混合而驱逐出其中的挥发物并进一步分散其中的不均匀组分，这样使制品性能更均匀一致。但混合塑炼的条件比较严格，如果控制不当，必然会造成混合料各组分物理及化学上的损伤，例如塑炼时间过久，会引起高聚物降解而降低其质量。因此，不同种类的塑料应有不同的塑炼条件，需通过实践来确定。主要的工艺控制条件是塑炼温度、时间和剪切力。

(3) 塑炼物的粉碎和造粒　实际生产时，原料常常先制成粉料和粒料。粉料一般是将片状塑炼物用切碎机先进行切碎，然后再用粉碎机粉碎。粒料是将冷却成条状的塑炼物用造粒机切碎得到。粉料和粒料的制备是物料配制的重要组成部分。

2. 物料混合设备

固体物料混合的设备主要有高速混合机、转鼓式混合机、双锥混合机、螺带混合机、Z型混合机、开炼机等。

(1) 高速混合机　高速混合机如图 2-1 所示，主要是由一个圆筒形的混合室和一个设在混合室的搅拌装置组成。可以用于润性与非润性物料，更适宜于配制粉料。

混合时，叶轮高速旋转，物料受到高速搅拌，在离心力的作用下，由混合室底部沿侧壁上升，至一定高度时落下，然后再上升和落下，从而使物料颗粒之间产生较高的剪切作用和热量。因此，除具有混合均匀的效果外，还可使塑料温度上升而部分塑化。挡板的作用是使物料运动呈流化状，更有利于分散均匀。高速混合机在需要时可以加热。

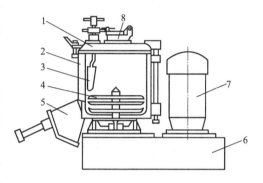

图 2-1　高速混合机
1—回转盖；2—容器；3—挡板；4—快转叶轮；
5—出料口；6—机座；7—电动机；8—进料口

(2) 转鼓式混合机　转鼓式混合机结构如图 2-2 所示，它是将混合室两端与驱动轴相连接，当驱动轴转动时，混合室内的物料即在垂直平面内回转。

从图 2-3 中可以看出，在初始时位于混合室底部的物料由于物料间的黏结作用以及物料与侧壁间的摩擦力而随转鼓升起，又因为离心力的作用，物料趋于靠近壁面，使物料间以及物料与室壁间的作用力增大。当物料上升到一定高度时，在重力作用下落到底部，接着又升起，如此循环往复，使物料在竖直方向反复重叠、换位，从而达到分散混合的目的。

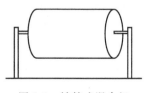

图 2-2　转鼓式混合机

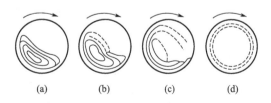

(a)　　　　(b)　　　　(c)　　　　(d)

图 2-3　转鼓式混合机物料的混合原理

(3) 卧式单螺带混合机　卧式单螺带混合机结构如图 2-4 所示。它由螺带、混合室、驱动装置和机架组成。混合室是一个两端封闭的半圆筒，上部有可以开启或关闭的压盖或加料口，下部有卸料口。混合室可设计为夹套式，用于通入加热介质或冷却物料。

卧式单螺带混合机是最简单的螺带混合机。当螺带旋转时，螺带的推力棱面推动与其接触的物料沿螺旋方向移动。由于物料之间的相互摩擦作用，使得物料上、下翻转，同时部分物料也沿着螺旋方向滑移，螺带中心处物料与四周物料位置更换。随着螺带的旋转，推力棱面一侧的物料渐渐堆积，物料的轴向移动现象减弱，仅发生上、下翻转运动，所以卧式单螺带混合机主要是靠物料的上、下运动达到径向分布混合的。在轴线方向，物料的分布作用很弱，因而混合效果并不理想。

（4）Z形混合机　Z形混合机的结构如图 2-5 所示。主要由转子、捏合室及驱动装置组成。捏合室是一个 W 形或鞍形底部的钢槽，上部有盖和加料口，下部设有排料口。钢槽呈夹套式，可通入加热或冷却介质。是广泛用于塑料和橡胶等高分子材料的混合设备。

使用时，当转子旋转时，物料在两转子相切处受到强烈剪切作用，同向旋转的转子或速比较大的转子间剪切力可能达到很大的数值。此外，转子外缘与捏合室壁的间隙内，物料也会受到强烈剪切。

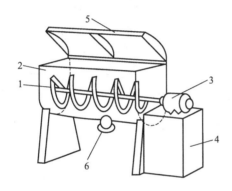 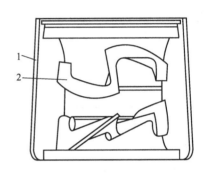

图 2-4　卧式单螺带混合机
1—螺带；2—混合室；3—驱动装置；4—机架；5—上盖；6—卸料口

图 2-5　Z形捏合机
1—捏合室壁；2—转子

3. 典型预混工艺举例

典型预混工艺如表 2-1、表 2-2 所示。

表 2-1　硬 PVC 预混工艺

工艺条件	500L 高速混合机	500L Z 形混合机	工艺条件	500L 高速混合机	500L Z 形混合机
加料量/L	200	250	捏合时间/min	低速：5～7；高速：3	10
加热蒸汽压力/MPa	0.2	0.3～0.1	卸料温度/℃	50～100	95～110

表 2-2　软 PVC 预混工艺

工艺条件		电缆料	压延薄膜	吹塑薄膜	模压发泡	注塑泡沫鞋
500L 高速混合机	加料量/kg	小于 250	250		100～250	100
	蒸汽压力/MPa		0.3～0.4			
	混合时间/min	50～60	40	40～60	40～50	60～100
	卸料温度/℃		90～105		90～100	约 90
500L Z 形混合机	加料量/kg		150		100	—
	蒸汽压力/MPa		0.2～0.3			—
	混合时间/min		5～7	6～8	10	—
	卸料温度/℃		90～100			—

【任务实施】

图 2-6 为任务实施流程。

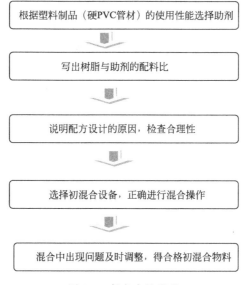

图 2-6　任务实施流程

【归纳总结】

1. 掌握树脂的性能和用途。

2. 掌握助剂的适用情况。

3. 熟悉混合设备，正确进行设备操作。

4. 注意生产中的问题，及时调整。

5. 注意安全操作。

【综合评价】

对于任务一的评价见表 2-3。

表 2-3　硬 PVC 管材原料配方设计及初混合项目评价表

序　号	评价项目	评价要点
1	配方合理	助剂选择合理
		配料比合理
2	混合	初混合物料混合均匀,可进行下一步生产
3	生产过程控制能力	温度的控制
		混合速度的控制
		时间的控制
4	事故分析和处理能力	是否出现生产事故

【任务拓展】

PVC 软管原料配方设计。

任务二　塑料 PVC 分散体的制备

在高分子材料加工中作为原料使用的分散体主要是固态的氯乙烯聚合物或共聚物与非水液体形成的悬浮体，通称为 PVC 分散体或 PVC 糊。采用的非水液体主要是室温下对 PVC 溶剂化作用小的溶剂（如增塑剂），也称分散剂，必要时也可添加非水溶性的稀释剂，分散体生产制品要经过塑形和烘熔两个过程。塑形就是通过模具或其他器械，在室温下使分散体具有一定的形状，烘熔就是对塑形后的物体热处理，使分散体通过物理或化学作用成为固体。

【生产任务】

选择合适的生产原料、生产设备；正确使用球磨机、三辊磨等设备，完成 PVC 分散体的制备；产品质量达合格。

产品质量要求：PVC 糊细度、黏度符合要求。

【任务分析】

塑料分散体有不同的类型，可以根据分散体的类型选择不同的配料并选择合适的加工方法。完成 PVC 糊的配制，混合均匀、排除气泡，确保产品质量。

【相关知识】

一、塑料分散体的分类

PVC 塑料分散体中除树脂和非水液体外还可以加入各种助剂，按加入的组分不同，通常将其分为 4 类。

（1）塑性溶胶　PVC 树脂的悬浮体，其液相完全是增塑剂，又称增塑糊，还称 PVC 糊。只能用来制作软制品。

（2）有机溶胶　PVC 树脂的悬浮体，其液相物有分散剂和稀释剂两种，分散剂内可以有增塑剂，也可以没有，又称稀释 PVC 增塑糊。

（3）塑性凝胶　加有胶凝剂的塑性溶胶，又称增塑胶凝糊。

（4）有机凝胶　加有胶凝剂的有机溶胶，又称稀释增塑胶凝糊。（3）、（4）为宾汉流体。

二、分散体的组分及其作用

分散体所含组分有树脂、分散剂、稀释剂、胶凝剂、稳定剂、填充剂、着色剂、表面活性剂以及为特殊目的而加入的其他助剂等。

（1）树脂　要求树脂必须具有一定的成糊性。对树脂粒度要求，用于制备塑性溶胶和塑性凝胶的树脂直径约 $0.20 \sim 2.0 \mu m$；制备有机溶胶和有机凝胶的树脂直径为 $0.02 \sim 0.20 \mu m$，呈球形。

树脂颗粒太大，配制时容易下沉，而且在加热处理后不容易得到质量均一的制品；颗粒太小，则在室温下会过渡溶剂化而使分散体黏度偏高，并且不容易保存。一般情况下，乳液生产的树脂比较符合要求。

（2）分散剂　分散剂包括增塑剂和极性挥发性溶剂，这两种都是极性的。

　　增塑剂的黏度对分散剂的黏度有直接影响，增塑剂的黏度高，分散体的黏度也高。增塑剂的溶解能力越大越不利于久放，存放时其黏度增长快。用苯二甲酸酯类作分散剂，分散体黏度适中，存放稳定。一般增塑剂的溶解能力相对较小，配用时对黏度和存放都有利。挥发性溶剂黏度和溶解能力影响与增塑剂相同，常用的溶剂以酮类为多，如甲基异丁基甲酮和二异丁基甲酮等。溶剂沸点应在 $100\sim200℃$ 。

　　(3) 热稳定剂　PVC 是热敏性材料，需要加入热稳定剂，在糊塑料中，一般先将热稳定剂制成浆料再加入，用量在 3 份左右。

　　(4) 稀释剂　稀释剂的使用目的是为了降低分散体的黏度和削弱分散剂的溶剂化能力。常用烃类，沸点也应在 $100\sim200℃$ ，所用稀释剂的沸点均应低于分散剂。

　　(5) 胶凝剂　胶凝剂的作用是使溶胶体变成凝胶体，在溶胶中加入胶凝剂即能在静态下形成三维结构的凝胶体。凝胶体的三维结构是物理力结合的，在外界应力达到一定程度时被破坏，解除应力后又恢复三维结构。常用金属皂类和有机质膨润土，用量为树脂的 $3\%\sim5\%$ 。

　　(6) 填充剂　通常有磨细或沉淀的碳酸钙、重晶石、煅烧白土、硅土和云母粉等。含水量高的物质一般不用于热塑性塑料而常用于热固性塑料。填充剂颗粒的直径应为 $5\sim10\mu m$ 。填充剂的吸油量越大所配制的分散体的黏度增加越大，其他情况不变，颗粒大的吸油量偏小。用量理论上不超过树脂的 20%，但有些厂家远远超过此数值。

　　(7) 表面活性剂　表面活性剂的作用是降低或稳定分散体的黏度。常使用的有三乙醇胺、羟乙基化脂肪酸类和烷基磷酸钠等。用量一般不超过树脂的 4%。制造泡沫塑料通常会加入表面活性剂。

　　(8) 其他助剂　根据性能要求加入，例如为了增加制品表面黏性而加入的氧茚-茚树脂；为增加制品硬度而加入的热固性树脂单体和树脂；为使分散体能够制造泡沫塑料而加入的发泡剂。

三、分散体的制备

　　分散体的制备就是将粉状固态物料分散在液态物料中。

　　1. 常用设备

　　研磨的作用是将物料研细，使之达到要求的细度；把混合时易结成块或易凝聚的混合物料打散研细。

　　(1) 球磨机（图 2-7）　适用于粉末物料的研磨。

　　(2) 三辊磨（图 2-8）　适用于将固体与液体物料混合成浆、糊、膏的研磨。

　　2. 分散体的制备

　　配制时，可以将树脂、分散剂和其他助剂一起加入球磨机。增塑剂用量较大时，宜分步加入。在配制有机溶胶和有机凝胶时，宜将增塑剂一起加入。这样可以避免有机液体挥发损耗及因此引起的事故，为了得到更好的效果，可以先将色料、稳定剂、胶凝剂等用增塑剂在三辊磨上混合均匀，制成浆料，再加入整个物料中。

　　配制塑性溶胶和塑性凝胶时，增塑剂挥发性小，制备黏度低的塑性溶胶和塑性凝胶可以采用混合机、捏合机，制备黏度高的塑性溶胶和塑性凝胶一般用三辊磨。为了提高质量，即

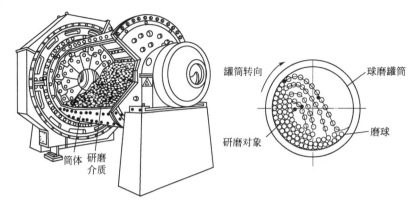

图 2-7　球磨机结构示意

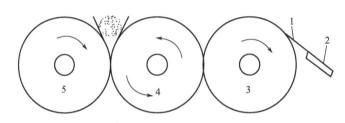

图 2-8　三辊磨结构示意
1—刮刀；2—滑槽；3—前辊；4—中辊；5—后辊

使不用三辊磨配制，最后也将制品用三辊磨磨一两次，特别是原料中配有色料和填充剂时。

混合时，温度应低于 30℃，否则会促使树脂溶剂化，增加黏度。混合设备最好带冷却装置。搅拌不应过强，不卷入较多的空气。混合时，混合料的黏度一般先高后低，这是因为成块或成团树脂被逐渐分散的结果；至最低值后，若继续进行混合，黏度会回升，这是因为树脂溶剂化作用增加。

配制时难免会卷入空气，为了产品质量，需要脱除气泡，脱除气泡方法有：

① 将配成的分散体，按薄层流动的方式，从斜板上泻下，以便气泡逸出；

② 抽真空使气泡脱除；

③ 利用离心作用脱气；

④ 同时利用上述两种或两种以上作用。

混合过程的控制依靠细度的测定，细度是指颗粒直径毫米数。测定细度常用一个在纵向上铣有两个斜槽的钢板，板宽约 7.5cm，长约 20cm，槽一端深 0.1mm，另一端为零。沿槽长附有用微米表示深度的标度。检测时，放平钢板，在槽深的一侧放入少量试样，然后用直边的刮板顺着钢板长度方向，以均匀的速度向另一端刮去，试样表面最先出现短料处的标度就是试样细度的测试结果。

在生产中，分散剂的用量总是略高于黏度最低值的应有用量。这样可以抵偿在储存中由树脂缓缓吸收的一部分分散剂，还可减少热处理过程中出现的絮凝现象。

四、PVC 糊生产举例

PVC 糊生产制品过程如图 2-9 所示，PVC 糊还可以用于粘接、密封行业。

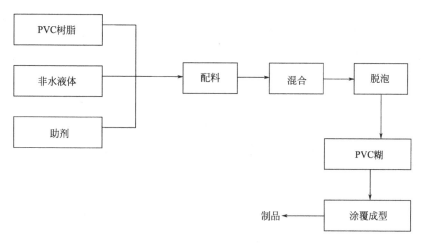

图 2-9 PVC 糊生产制品过程

【任务实施】

图 2-10 为任务实施流程。

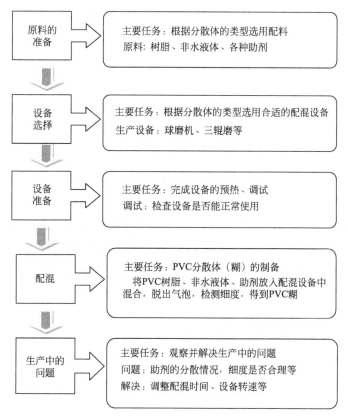

图 2-10 任务实施流程

【归纳总结】

1. 设备需要预先检查、清洁，有需要的物料按要求干燥、粉碎。

2. 设备准备时，按步骤进行。

3. 生产时，注意工艺参数的调节，直到细度符合要求。

4. 生产时，注意观察，发现问题及时调整。

5. 注意安全，不能违章操作。

【综合评价】

对于任务二的评价见表 2-4。

表 2-4　PVC 糊的生产项目评价表

序　号	评价项目	评价要点
1	产品质量	细度
		黏度
		内无气泡与杂质
2	原料配比	树脂、非水液体、助剂
3	生产过程控制能力	温度保持 30℃以下
		细度控制
		黏度控制
4	事故分析和处理能力	是否出现生产事故
		生产事故处理方法

【任务拓展】

聚氨酯分散体的制备。

任务三　PE 色母料的制备

母料是含有高百分比助剂的塑料原料。就是不直接把助剂与高聚物一起加到成型机械中混合加工成型，而是先将 30%～70% 的助剂与 30%～70% 的树脂经过混合而制成过浓缩物，即母料，然后再将母料和树脂加到加工成型设备中，最终加工成制品。

【生产任务】

选择合适的生产原料、生产设备；正确使用混合、塑炼、造粒设备，完成色母料的制备；产品质量达合格。

产品质量要求：色母料色泽均匀，无缺陷。

【任务分析】

色母料的制备，可以根据原料配方不同、工艺不同选择不同的设备。色母料是一种多组分的混合物。在生产前先将各种配料进行预处理，原料在塑料设备中塑化均匀后，经造粒设备制成粒料或粉料。在生产中选择合适的原料，进行适当的预处理，注意生产设备的调试，注意工艺参数的波动，确保产品质量。

【相关知识】

一、色母料简介

1. 色母料简介

色母料是由颜料或染料、载体和添加剂三种基本要素所组成，是把超常量的颜料或染料均匀地载附于树脂之中而得到的聚集体，可称颜料浓缩物，着色力高于颜料本身。

色母料的基本成分包括以下几个方面。

(1) 颜料或染料　被使用于塑料着色中的色素种类有数千种，可分为颜料、染料，而颜料又可分为有机颜料、无机颜料，颜料在塑料中是以固体粒子来分散，而染料则溶解于塑料中，以分子形态染色。

一般来说，有机颜料和染料的色彩鲜明、着色力大，但对热、紫外线来说是很弱的。无机颜料则鲜明度、着色力小，但对热、紫外线来说坚牢度佳。

颜料又分为有机颜料与无机颜料，常用的有机颜料有酞菁红、酞菁蓝、酞菁绿、永固黄、永固紫等；常用的无机颜料有镉红、镉黄、钛白粉、炭黑、氧化铁红等。表 2-5 为三大颜料比较。

表 2-5　三大颜料比较

项　　目	染　　料	有 机 颜 料	无 机 颜 料
来源	天然和合成	合成	天然或合成
在透明塑料中	呈透明体	低浓度时少数呈半透明	不能呈透明体
着色浓度	大	中等	小
亮度	大	中等	小
光稳定性	差	中等	强
迁移现象	大	中等	小

(2) 载体　是色母料的基体。专用色母料一般选择与制品树脂相同的树脂作为载体，两者的相容性最好，但同时也要考虑载体的流动性。

(3) 分散剂　促使颜料均匀分散并不再凝聚，分散剂的熔点应比树脂低，与树脂有良好的相容性，和颜料有较好的亲和力。最常用的分散剂有聚乙烯低分子蜡、硬脂酸盐等。

(4) 添加剂　有阻燃、增亮、抗菌、抗静电、抗氧化等品种，按具体要求添加。

2. 色母料产品展示

图 2-11 为常见的 PPR 管材。

图 2-11　常见的 PPR 管材

二、色母料的生产工艺

1. 色母料的制造方法

（1）油墨法　油墨法是指在色母料生产中采用与生产油墨色浆相同的生产方法，即采用聚乙烯低分子蜡，通过三辊研磨，在颜料的表面包覆一层低分子的保护层，其工艺流程如图 2-12 所示。

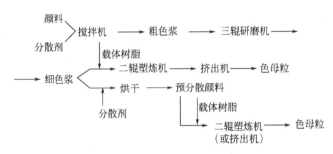

图 2-12　油墨法工艺流程

（2）冲洗法　冲洗法是将颜料、水和分散剂通过砂磨，使颜料的颗粒小于 $1\mu m$，并运用相转移法使颜料转入油相，然后经过干燥后，与载体树脂进行混合、挤出、造粒而制成所需要的色母粒。其工艺流程如图 2-13 所示。

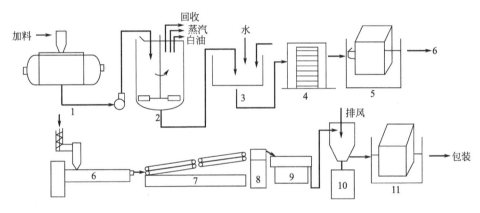

图 2-13　冲洗法工艺流程

1—球磨机；2—相转移槽；3—水洗槽；4—烘箱；5,11—掺混合机；6—双螺杆挤出机；
7—条料运输冷却器；8—风刀和切粒机；9—振动筛；10—真空上料器

（3）捏合法　捏合法是将颜料和油性载体掺混后，利用颜料的亲油性，通过捏合使颜料从水相转移到油相，利用油相载体将颜料表面包裹，使其分散稳定，防止重新凝聚。然后将颜料与树脂经过混合、挤出、造粒，而制成所需要的色母粒，其工艺流程如图 2-14 所示。

（4）金属皂法　金属皂法是先将颜料经过研磨后使其粒度达到 $1\mu m$，然后在一定温度下加入皂液，使每一个颜料颗粒表面被皂液均匀地润湿，形成皂化液。当金属盐溶液加入后，与该皂化层发生化学反应，生成金属皂保护层（硬脂酸镁），使磨细后的颜料颗粒不会发生絮凝现象，保持一定的细度。该颜料经过干燥后，与树脂混合、挤出、造粒，制成所需要的色母粒，其工艺流程如图 2-15 所示。

2. 常用的色母料混合造粒技术

（1）一段混合造粒工艺　一段混合造粒工艺是指母料经过预混、混合、造粒等过程，而得到产品的生产工艺。该工艺混合过程简单，生产效率高，但混合效果一般。如果对混合要

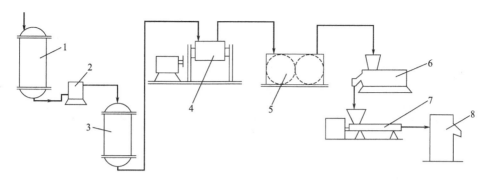

图 2-14　捏合法工艺流程

1—砂磨罐；2—过滤器；3—储液罐；4—捏合机；5—二辊炼塑机；6—破碎机；7—挤出机；8—切粒机

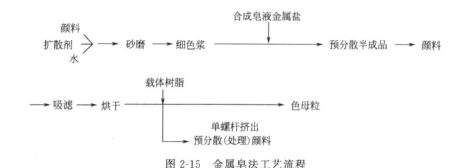

图 2-15　金属皂法工艺流程

求较高，应该采用混合能力较强的混合设备。

（2）二段混合造粒工艺　二段混合造粒工艺是指母料经过一段混合后，又通过混炼设备进行补充混合，然后再造粒，而得到产品的生产工艺。该工艺填充混合能力强，分散混合效果好，采用一般的混合设备也可以获得高质量的色母粒。但是，混合效率不高。

3. 色母料的生产设备

（1）塑料热炼高速混合机（见任务一）

（2）开炼机　塑料使用的开炼机，又称开放式炼塑机。机中起塑炼作用的是一对水平安装、相对旋转的平行辊，如图 2-16 所示。辊距一定范围内任意调节，以适应不同的塑炼要求。辊筒内有供加热或冷却载体流通的通道，可以对辊筒加热或冷却。开炼机设有紧急刹车装置，出现异常情况可以紧急停车。

为了增大剪切作用，提高塑化混合效果，可减小二辊间的间隙。但间隙小时，开炼机的生产能力下降。因此，通常还采用两辊转速不等的办法来增大剪切作用。辊筒速比一般是指后辊筒的线速度与前辊筒线速度之比，该值大于 1，通常在 1.2～1.3 之间。

开炼机的生产能力主要取决于辊筒直径，塑炼快慢与辊筒温度也有关。辊筒温度高时塑炼快，但易发生过热分解。例如塑炼软 PVC 粉料时，通常塑炼温度为 150～170℃，塑炼硬 PVC 的温度可再高出 10～20℃。

在开炼机上每一瞬间被剪切的物料仅有两辊间隙中的很少一部分，而且这部分物料很难与其相邻的物料发生对流（混合）。所以开炼机对物料在大范围内的混匀是不利的。为了克服这一缺点，可采用翻料或打三角包的操作法。将包在辊筒上的塑料片用刀片划开，左右两

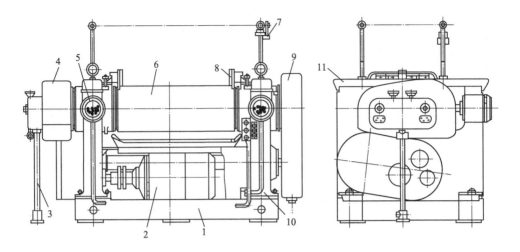

图 2-16　开炼机的结构

1—机座；2—电动机；3—蒸汽管；4—速比传动齿轮；5—调距装置；6—辊筒；
7—紧急停车开关；8—挡料板；9—减速齿轮罩；10—机架；11—横梁

边各向中间折叠，形成三角形塑料包。待两辊间塑料快被包卷完时，将三角包推入两辊间隙碾压，再打第二次三角包。

用开炼机塑炼时，主要塑炼作用仅发生在两辊间隙的一条线上，塑炼效率较低。高温物料与空气接触还容易引起树脂氧化降解，同时包括增塑剂在内的添加剂有一定的挥发损失。尽管排出水分等挥发物的效果好，但工作环境较差，劳动强度大。

（3）密炼机　如图 2-17，密炼机的主要工作部件是一对相对旋转的转子和一个封闭转子的密炼室，转子的横切面呈梨形。转子表面有呈螺旋形沿转子轴向排列的突棱，各条突棱的角度不同，以更好的翻动物料。转子表面与其轴心线的距离不等，运转时各点所产生的线速度就不同。两个转子之间的间隙和突棱与密炼室之间的间隙都很小。相对旋转的两个转子转速也略有差别。密炼室顶部还设有由压缩空气操纵的活塞，借以压紧物料，迫使物料跟随转子进入两转子间隙和其他有强大剪切作用的间隙。因此，加入密炼机的物料能在短时间内受到强烈的剪切作用，物料不仅围绕转子作径向转动，而且还能沿着转子轴向移动。

密炼室和转子都开有供加热或冷却载体流通的通道，借以加热或冷却物料。由于密炼时可产生大量的剪切摩擦热，物料除塑炼初期外，其温度常比密炼室内壁高。物料黏度随温度升高而下降，转子转动所需动力也随着减少。如果塑炼时转子恒速转动，电源电压又恒定，则可借电路中电流计的指示来控制生产操作。

与开炼机相比，密炼机有如下特点：

① 剪切作用强烈，又有适当的对流作用，因而塑炼效率高，一次塑炼只需几分钟时间；

② 物料受热时间短，又不与空气接触，因而树脂不易热分解和发生氧化降解，增塑剂挥发很少；

③ 加料、塑炼和放料都容易控制，机械化程度高，工作环境较好；

④ 兼有捏合和塑炼作用，可省去捏合工序；

⑤ 密炼后的物料一般呈团状，为了便于粉碎或粒化，便于压延成型，还需用开炼机将

密炼后的物料辊压成片状物；

⑥ 排出物料中的水分等挥发物不如开炼机的效果好。

（4）挤出机　挤出机的主要部件是螺杆和料筒。捏合后的粉料加入料筒一端的料斗，转动着的螺杆由料斗一端的进料口将粉料卷入料筒。料筒中的粉料受筒壁的加热和剪切摩擦热而逐渐升温并熔化，同时被旋转着的螺杆推挤而向前移动。由螺杆拖曳所产生的物料正流流动，其流速以贴近螺杆者为最大，靠近料筒壁面者最小。挤出机内物料各点前移的速度是不相等的，也就是说物料层间有速度差或剪切作用。挤出机内物料的塑炼就是在受热和受剪切作用下完成的。显然，物料在挤出机内的对流作用也是很少的，所以一般都是用初混合以后的粉料进行塑炼。

塑炼用的单螺杆挤出机其螺杆直径较大，螺槽深度较浅，常在多孔（使塑炼物料呈条）机头前设置旋转切刀以切粒。

双螺杆或多螺杆挤出机具有螺杆长径比较小、受热时间短、不易产生热降解、塑炼质量和效率较高、吃料能力强等优点，适宜用来塑炼聚氯乙烯，特别是硬聚氯乙烯塑料。

与开炼机相比，挤出机塑炼是连续作业，动力消耗、占地面积和劳动强度都比较小。

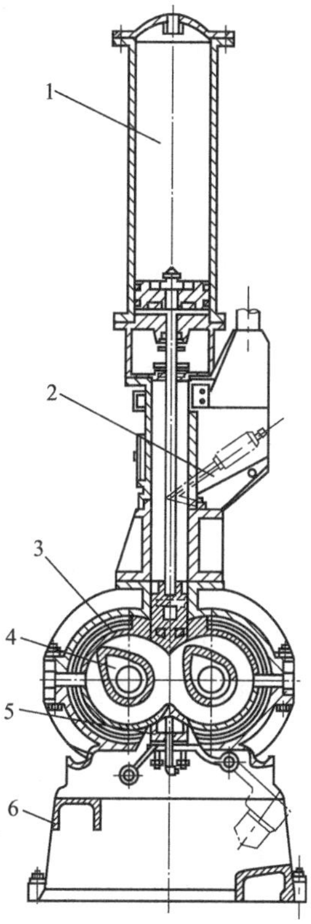

图 2-17　密炼机结构
1—压料装置；2—加料斗；3—混炼室；
4—转子；5—卸料装置；6—机座

（5）造粒设备　塑炼后的物料除直接供压延成型用外，一般都需要进一步加工成外形尺寸 3～4mm 的颗粒料。习惯上将开炼机放片后再行切粒的设备叫切粒机，挤出机塑炼后在机头上加旋转刀切粒的设备叫造粒机。

① 切粒　用平板切粒机可将一定宽度的塑料片材切成矩形六面体颗粒。塑料片先由一对带有锯齿形圆辊刀的辊筒纵向切断成长条，然后通过梳板经压料辊送入回转叶刀与固定底刀之间，横向切割成颗粒。粒料经过筛斗，将长条和连粒筛去，落入料斗，然后称量包装。例如硬聚氯乙烯塑料片可在 50～60℃ 切粒，而软聚氯乙烯必须冷却到 45℃ 以下才能有效地切粒。切粒机既可切割硬聚氯乙烯，又能切割软聚氯乙烯，产量较大。缺点是只适用于冷料切割，噪声较大，切刀易损坏。

② 造粒　在挤出机机头上装几把旋转切刀可将刚从多孔板形机头挤出的热料条切成粒料。此法是在料条冷却之前切割的，故称热切法。挤出热切是在密闭的情况下连续进行的，机械杂质混入少，产量高，噪声低，劳动强度小，但产量高时容易产生粘粒现象。显然，挤出选粒机兼有塑炼作用。切刀形状可以是长条形，也可以是镰刀形的，后一种不易产生颗粒粘连现象。

4. 色母料的制备

（1）色母料的预分散　制造色母料的技术的关键是对颜料进行预分散。颜色预分散的目的是使颜料在加工过程中呈现为细微、稳定而均匀的 $1\sim20\mu m$ 的颗粒。可用球磨、三辊磨、砂磨等。

（2）色母料的制备方法

① 双螺杆挤出机配料混合生产色母料法　图 2-18 为双螺杆挤出机配料混合生产色母料加工步骤。

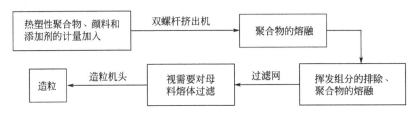

图 2-18　双螺杆挤出机配料混合生产色母料加工步骤

优点：因其机械结构特点，可实现良好的分散混合和分布混合。

② 转相法　图 2-19 为转相法生产色母料加工步骤。

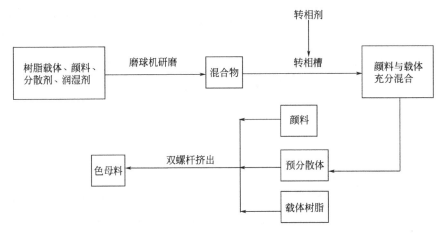

图 2-19　转相法生产色母料加工步骤

③ 单螺杆挤出机一阶挤出法　图 2-20 为单螺杆挤出机一阶挤出法生产色母料加工步骤。

图 2-20　单螺杆挤出机一阶挤出法生产色母料加工步骤

此方法适于生产级别低的色母料。

5. 色母料的检测

一般检测色母料的着色力和色光检验、细度测定、色母料分散性测定、耐热性的测定、耐光牢度和耐候性测定等。

色母料的标准还可以用着色强度（％）、色差、含水量、耐迁移性、耐热性、色点、分散度等表示。

三、使用色母料的优点及常见问题

1. 使用色母料生产具有的优点

（1）分散均匀、质量优良　使用母料生产制品，将母料加入树脂中稀释，是一种分布混合过程，颜料很容易被分布均匀，制品中不会出现色料的团聚体、凝聚体及局部颜色不均匀等现象。

（2）产品成本低　使用母料进行生产，生产厂家就不必为颜料的分散花费很大的精力和资金，可以降低成本、节省时间，对于批量小、换色频繁的制品成本降低特别明显。

（3）配色及操作简单　因为树脂与色母料都是商品，可以买来直接使用。可以根据制品的要求，任意改变稀释比。而且色母料多为粒状，在配料时，换色、换料十分简单方便，无需清洗。

（4）操作环境好　母料中助剂已经被树脂牢牢粘住，因此，使用时无粉尘飞扬，操作环境清洁干净。

（5）可以保持添加量的稳定　使用母料进行生产，在工艺上可以达到理想的无规则均匀配比状态，保持了各处颜料或助剂添加量的均衡与稳定，产品的质量稳定、可靠。

2. 塑料产品着色时出现的问题及处理方法

（1）产品表面起粒　主要原因：

① 料筒及模头有杂质；

② 温度不正确；

③ 原料在料筒内加热停留时间太长；

④ 色母或色粉的分散性未处理好；

⑤ 过滤网已穿孔。

处理方法：把塑机温度调至低于正常温度 10～20℃，开动塑机，用原色塑料树脂以最慢速度重新进行清理工作，必要时把模头拆开清理，并调整好温度，及时更换过滤网。改用分散良好的色母或色粉重新调试。

（2）扩散不均匀　主要原因：

① 混料不均匀；

② 温度不适当；

③ 色母和原料相溶性差；

④ 塑机本身塑化效果差；

⑤ 色母投放比例太小。

处理方法：充分搅拌、温度调整适当、更换色母或原材料、更换其他机台生产、调整色母投放比例。

（3）经常断料　主要原因：

① 温度不正确；

② 原料亲和性差；

③ 色母分散太差；

④ 色母投放比例太高。

处理方法：把温度调校准确、更换所用原料、更换分散优良的色母料、降低色母料使用比例。

（4）颜色有变化 主要原因：

① 使用的原材料底色不一致；

② 塑机未清洁干净；

③ 所用的色母或色粉耐温程度低，温度过高时消色；

④ 下料门未清洁干净；

⑤ 加工工艺改变；

⑥ 色母或色粉本身有色差；

⑦ 水口料搭配不当；

⑧ 混料机未清洁干净或混料时间未控制好。

处理方法：使用与打板时颜色一致的原料及调整好水口料的搭配比例；把塑机、下料门及混料机彻底清洁干净；改用耐温适当、颜色一致的色母或色粉；使用稳定的加工工艺。

【任务实施】

图 2-21 为任务实施流程。

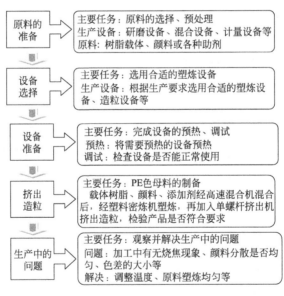

图 2-21 任务实施流程

【归纳总结】

1. 设备需要预先检查、清洁，有需要的物料按要求干燥、粉碎。

2. 设备准备时，按步骤进行，温度由低至高，转速由慢至快。

3. 生产时，注意温度、转速、压力的调节，直到颗粒平整、光泽、颜色均匀。

4. 生产时，注意观察，发现问题及时调整。

5. 注意安全，不能违章操作。

【综合评价】

对于任务三的评价见表 2-6。

表 2-6　PE 色母料的生产项目评价表

序　号	评 价 项 目	评 价 要 点
1	产品质量	颜料均匀度
		粒料色泽
		色母料无气泡与杂质
2	原料配比	树脂、颜料、其他助剂
3	生产过程控制能力	控制温度参数
		螺杆转速控制
		压力控制
4	事故分析和处理能力	是否出现生产事故
		生产事故处理方法

【任务拓展】

增强母料的制备。

塑料挤出成型加工技术

任务一 挤出生产 PPR 塑料管材

挤出成型是塑料在挤出成型机中，在一定的温度、压力下，在流动的状态下通过挤出机机头口模成型的方法。

挤出成型生产线由两大部分组成，一是挤出机主机，具有通用性；二是挤出机辅机，包括机头、口模、牵引系统、冷却系统、切割系统等，某种辅助设备只能生产一种产品。挤出成型成本低，可以连续化生产、效率高，设备自动化程度高、劳动强度低，生产操作简单、工艺控制容易，原料适应性强、产品广泛，挤出成型生产的塑料制品占其总量的三分之一以上。

【生产任务】

> 选择合适的生产原料、生产设备；正确使用管材挤出生产线，完成 PPR 塑料管材的挤出生产；产品质量达合格。
>
> 产品质量要求：管材表面光洁，壁厚均匀，符合使用要求。

【任务分析】

PPR 塑料管材的挤出，可以依据原料配方、挤出机辅机不同生产塑料硬管和软管，原料在挤出机的机筒塑化均匀后，以熔融态从挤出机前端的机头环隙口模挤出，经冷却定型后，由牵引装置引出，由切割装置定长切断（软管由卷取装置卷取）。在生产中选择合适的原料，进行适当的预处理，挤出生产时注意生产设备的调试，注意工艺参数的波动，确保产品质量。

【相关知识】

聚丙烯无规共聚物也是聚丙烯的一种，是在聚丙烯的高分子链的基本结构中用加入不同种类的单体分子加以改性。乙烯是最常用的单体，它引起聚丙烯物理性质的改变。与 PP 均聚物相比，无规共聚物改进了光学性能（增加了透明度并减少了浊雾），提高了抗冲击性能，增加了挠性，降低了熔化温度，从而也降低了热熔接温度；同时在化学稳定性、水蒸气隔离性能和器官感觉性能（低气味和味道）方面与均聚物基本相同。

一、PPR 塑料管材简介

1. PPR 管材简介

PPR 是聚丙烯无规共聚物的简称，又叫无规共聚聚丙烯。PPR 管是采用无规共聚聚丙烯挤出成为管材，一般用来生产冷热水给水管材。PPR 管材强度高，有较好的抗冲击性能和长期蠕变性能，具有优异的耐化学物品腐蚀性能，使用寿命长，价格合理。

2. PPR 管材产品展示

图 3-1 为常见的 PPR 管材。

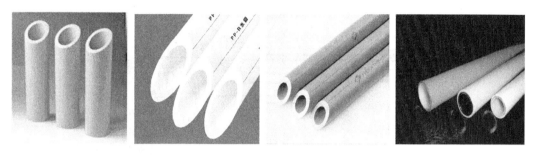

图 3-1　常见的 PPR 管材

二、PPR 的生产工艺

1. PPR 管材的挤出设备

挤出管材生产线如图 3-2、图 3-3 所示。

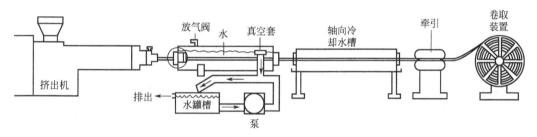

图 3-2　软管挤出生产线

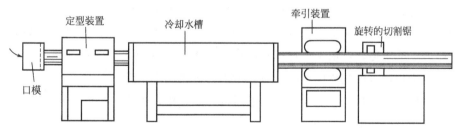

图 3-3　硬管挤出生产线

（1）挤出机　挤出机有螺杆式挤出机（图 3-4）和柱塞式挤出机两种，现在挤出成型绝大多数使用螺杆式挤出机，螺杆式挤出机又分为单螺杆挤出机和双螺杆挤出机。挤出机主要由加料系统、挤压系统、传动系统、加热冷却系统以及控制系统几部分组成。

加料装置包括料斗和自动上料部分，现代工业生产要求挤出机实现自动上料，料斗要求密封，料斗要有切断料流、标定料量和卸除余料的装置，有的挤出机上方还有干燥装置，有的还有强制输送装置。

挤压系统包括料筒、螺杆，料筒材料必须是强度高、坚固、耐磨、耐腐蚀的合金钢，料筒外需有分段加热和冷却装置，料筒的出料口要设有安放多孔板的位置。

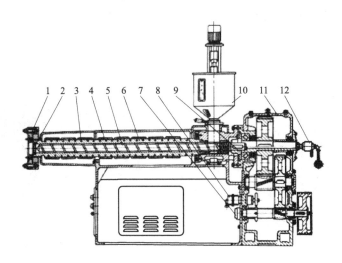

图 3-4　螺杆式挤出机
1—机头连接法兰；2—分流板；3—冷却水管；4—加热器；5—螺杆；6—机筒；7—油泵；
8—测速电动机；9—止推轴承；10—料斗；11—减速器；12—螺杆冷却装置

螺杆是挤出机中最重要的部件，被称为挤出机的心脏。起到输送固体物料、塑化塑料和输送熔体的作用。通过螺杆的转动，料筒中的塑料才能移动，得到增压和摩擦热，螺杆的几何参数，如螺杆直径、长径比是挤出机的重要参数，由于塑料在加热条件下的性质各不相同，因此螺杆有多种形状以适应不同塑料及生产要求。

螺杆直径（D）通常是指螺纹的外径，增大螺杆直径，挤出机的生产能力也显著增加，但挤出机的功率消耗增大，螺杆直径是挤出机的规格的重要表征，例如 SJ-45-25，S 表示塑料，J 表示挤出机，45 表示挤出机螺杆直径是 45mm，螺杆的长径比为 25。

螺杆的长径比（L/D）是指螺杆的有效长度和螺杆直径之比，有效长度是指螺杆与塑料接触的工作部分长度。我国螺杆长径比已经标准化、系列化，如 L/D 为 20、25 等。长径比比较大的螺杆，可以改善塑料温度分布，有利于物料的混合、塑化，可以减少漏流和逆流，提高生产能力，适应强，可用于多种塑料的挤出；但长径比过大，塑料受热时间长易降解，并且螺杆自重增加，自由端挠曲下垂，也会增加挤出机功率消耗。

（2）挤出机机头、口模　机头和口模通常为一个整体，机头为口模和料筒之间的过渡部分，口模是制品横截面的成型部件。

机头的作用是将处于旋转运动的聚合物熔体转变为平行直线运动，使物料进一步塑化均匀，并将熔体均匀而平稳地导入口模，还赋予必要的成型压力，使物料易于成型和所得制品密实。口模为具有一定截面形状的通道，聚合物熔体在口模中流动时取得所需形状，并被口模外的定型装置和冷却系统冷却硬化而成型。

机头和口模的主要组成部件包括过滤网、多孔板、分流器、模芯、机颈和口模。多孔板和过滤网的作用是使物料由旋转运动变为直线运动，阻止杂质和未塑化的物料通过，以及增加料流背压，使制品更加密实，分流器（鱼雷头）将圆柱形料流变为薄环状并便于进一步加热塑化。大型分流器内设加热器，支架用以支承分流器及芯棒，同时使料流分束以加强搅拌，小型分流器与芯棒作为一体。

　　口模与芯模的平直段是管材定型部分。口模是成型管材外表面的部件，口模平直部分应能将分股料流完全汇合，长度为管材直径的1.5～3.5倍或为壁厚的20～40倍。芯模是成型内表面的部件，芯模用螺纹与分流器连接，加工中要保证芯模和分流器同心。

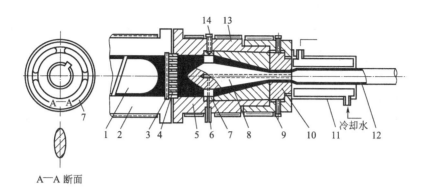

图 3-5　直通式机头结构示意

1—螺杆；2—料筒；3—过滤网；4—多孔板；5—机头；6—压缩空气入口；7—芯模支架；8—芯模；
9—定心螺钉；10—模口外环；11—定径套；12—挤出物；13—加热器；14—定芯螺钉

　　按挤出机螺杆轴线方向和塑料的出口方向来分，可分为直通式、直角式和偏置式三种。其中，直通式机头如图3-5所示，结构简单，适合生产中、小口径管材；直角式和偏置式机头结构复杂，生产大、小口径管材均可。挤出管材机头口模为环隙口模。

　　（3）定径装置　定径方式分为两大类型，外径定型和内径定型。我国挤出管材主要采用外径定型。外定径又有内压定径（图3-6）和真空定径（图3-7）等。真空定径即管外抽真空将管材外表面吸附在定径套内壁冷却定型；内压定型即管材内部加压缩空气使管材外表面贴附定径套内表面冷却定型。

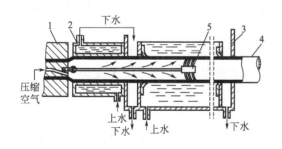

图 3-6　内压定径

1—机头；2—定径套；3—水冷却槽；
4—管状制品；5—密封塞

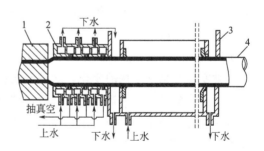

图 3-7　真空定径

1—机头；2—定径套；3—水冷却槽；4—管状制品

　　（4）冷却装置　经定径装置定型、初步冷却的管坯需要继续冷却直到完全定型，冷却装置主要有冷却水槽和喷淋水箱两种。

　　冷却水槽是管坯进入水槽中的冷却水（一般为自来水）中继续冷却，被牵引装置牵引离开水槽时完全定型，冷却水槽一般分为2～4段，长2～6m。如果是厚壁管材则经冷却水槽冷却后，还要经过喷淋水箱继续冷却，或全部采用喷淋水箱冷却。喷淋水箱中的冷却水管可有3～8根，喷淋冷却水的冷却效果更为强烈。

（5）牵引装置　常用滑轮式和履带式两种。滑轮式牵引装置由2～5对上下牵引滑轮组成，下面的滑轮是主动轮，上面的滑轮是从动轮，可上下调节。一般牵引100mm以下的管材。履带式牵引装置由两条或多条单独可调的履带组成，均匀分布在管材四周，牵引力大，与管材接触面大，管材不易变形，一般用于牵引大口径、薄壁管材。

（6）切割装置　主要有自动圆锯式切割机和行星式切割机，作用是将管材定长切断。自动圆锯式切割机由行程开关控制管材夹持器和电动圆锯，夹持器夹住管材，圆锯与管材同速前进，开始切割，切割后，夹持器松开，圆锯退回原来位置。圆锯式切割机不适用于大口径管材，行星式切割机适用于大口径管材，切割时，一个或几个锯片同时切割，锯片不仅自转还围绕管材旋转切割。

（7）其他装置　扩口装置或卷取装置。扩口装置是为了将管材的一段扩口，这样才能连接成管线，否则，只能用管件连接成管线；卷取装置是将软管收卷。

2. 挤出机工作原理

挤出机的主要工作部件是螺杆，挤出机螺杆一般在有效长度上分为三段，按螺杆直径大小、螺距、螺深确定三段有效长度，分别为加料段、压缩段、计量段，加料段长度是（2～5）D（D为螺杆直径），加料段的作用是预热、挤压、压实、输送固体物料；进入压缩段后，螺槽体积由大逐渐变小，并且温度要达到物料塑化程度，产生压缩，一般为螺杆有效长度的40%～50%，它的作用是熔化固体物料，一般螺杆的压缩比（几何压缩比是指压缩段开始处与终止处螺槽容积之比）为3:1，有的设备也有变化；完成塑化的物料进入到计量段，此处长度是（4～7）D，此处物料进一步塑化均匀，定量、定压从机头口模均匀挤出，经辅机完成挤出机的生产。

物料从加料口进入挤出机后，与螺杆接触的物料被螺杆咬住，随螺杆的转动被螺纹强制向前推进，由于过滤网、多孔板、机头等方面的阻力，又因压缩段螺槽的容积逐渐加大，物料被压实塑化，同时排出气体，熔体从机头挤出定型称为制品。由于螺杆三段作用不同，机筒外的加热器分段控制。

挤出产品的质量主要取决于物料塑化的快慢与均匀程度。物料向前移动，经历了温度、压力、黏度甚至化学结构的变化，这种变化在螺杆各段情况不同，流程比较复杂。

（1）固体输送　物料进入挤出机后，被压缩成固体塞向前移动，固体塞的移动是由于螺杆、料筒与物料的摩擦力的作用，如果塑料与螺杆之间摩擦力（f_s）小于塑料与料筒之间的摩擦力（f_b）即$f_s < f_b$，物料向前运动；如果$f_s \geq f_b$，则物料随螺杆旋转，不沿轴向向前，挤出机不出料。

若要提高固体输送速率，可采用的措施有：

① 降低f_s，提高螺杆表面的光洁度、冷却螺杆的加料段；

② 增大f_b，在料筒内开设纵向沟槽。

（2）塑料的熔化　物料在挤出机中一方面受到机筒外部加热装置传递的热量，又有物料与料筒之间的摩擦及物料之间的摩擦产生的热量，物料温度不断升高，由玻璃态转变为高弹态再转变为黏流态，塑料在螺杆中的状态分为固体区、熔化区和熔体区。熔化区是螺杆中塑料的固体和熔体共存的区域。固体区、熔化区和熔体区与螺杆的加料段、压缩段和计量段实际上不可能完全一致。图3-8为固体物料在螺槽中的熔融过程。

塑料的熔化过程大致是这样进行的，固体床与料筒接触，在料筒的内表面形成熔体膜，熔体膜内产生速度分布；当熔体膜的厚度（δ_1）超过螺杆与料筒的间隙（δ）时，熔体会被螺棱刮下，并将熔体送到螺棱的推进面形成熔体池，螺棱后侧仍为固体床。固体床在向前移动的过程中，宽度逐渐减小，熔体池宽度逐渐增大，最后，固体床完全消失，即塑料完全熔化。

（3）熔体输送速率　熔化的物料在熔体区有四种流动状态：正流、横流、逆流和漏流。正流（拖曳流动）是指塑料沿着螺槽向机头方向的流动，物料的挤出靠这种流动。横流（环

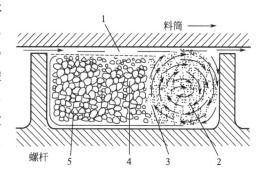

图 3-8　固体物料在螺槽中的熔融过程
1—熔膜；2—熔池；3—迁移面；4—熔融的
固体粒子；5—未熔融的固体粒子

流）是塑料在螺槽内不断地改变方向作环形流动，有利于物料的混合、热量交换和塑化，对挤出量不产生影响。逆流（倒流或压力流动）是由机头、口模、过滤网等对塑料反压引起的在螺槽中的反向流动，对挤出不利。漏流是由机头、口模、过滤网等对塑料反压引起的在料筒与螺杆的间隙间的反向流动，会使挤出量减少。图 3-9 为熔体在熔化区的四种流动形态。

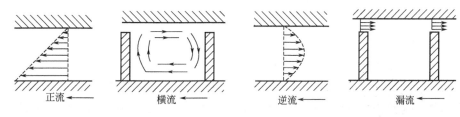

图 3-9　熔体在熔化区的四种流动形态

（4）螺杆特性曲线、口模特性曲线与挤出机的工作点　螺杆特性曲线方程

$$Q = An - B\frac{\Delta p}{\eta} \tag{3-1}$$

式中，Q 为熔体输送量；A、B 为常数；n 为螺杆转速；η 为塑料熔体黏度，Δp 为螺杆末端产生的压力。以 Q-Δp 的关系作图，得到一系列具有负斜率的平行线，称为螺杆特性曲线，如图 3-10 所示（螺杆转速 $n_1 < n_2 < n_3 < n_4$）。

螺杆特性曲线说明了螺杆末端产生的压力与螺杆转速之间的关系。图中虚线的均化段螺槽深度比实线的大，从图 3-10 中可以看出，均化段螺槽深度比较小的螺杆，曲线比较平坦，螺杆比较硬，熔体输送量随压力的变化小；而均化段螺槽深度比较大的螺杆曲线较为陡峭，螺杆比较软，熔体输送量随压力的变化大。对于热敏性塑料来说，如果选用均化段螺槽深度比较大的螺杆，不会降解但挤出量随压力波动比较大，不好控制；如果选用均化段螺槽深度比较小的螺杆，波动小但有可能发生降解。

口模特性曲线方程

$$Q = k\frac{\Delta p}{\eta} \tag{3-2}$$

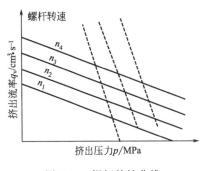

图 3-10 螺杆特性曲线

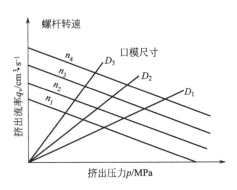

图 3-11 螺杆、口模特性曲线

因为螺杆末端产生的压力与口模处熔体的压力相等，用同一坐标得到口模特性曲线如图 3-11 中 D_1、D_2、D_3 所示（口模尺寸 $D_1 < D_2 < D_3$）。

从图 3-11 中可以看出，口模特性曲线的斜率取决于口模尺寸，口模特性曲线与螺杆特性曲线的交点就是挤出机的工作点。当塑料熔体是假塑性流体时，口模特性曲线与螺杆特性曲线不再是直线而是曲线，曲线的交点仍是挤出机的工作点。

为了改善单螺杆挤出机的不足之处，出现了性能更好的双螺杆挤出机，与单螺杆挤出机结构相近，本书不做介绍。

3. 挤出管材成型工艺

(1) 挤出机操作规程

① 挤出设备的预热　开机时料筒、机头和口模温度比正常操作温度高 10～20℃，口模处略低，以消除管材中的气泡，防止挤出时管材下垂，温度过低则会影响挤出速度及制品的光泽。

② 螺杆转速的调整　螺杆转速要慢，出料正常后调整到预定要求。加料量由少到多，至规定量。

③ 校验同心度　管材定型、冷却之前，应先校验其同心度。否则会造成薄厚不均。

④ 进入牵引机　由引管或人工引入牵引机，牵引速度也应由慢到快，达到规定的速度。

⑤ 工艺参数的调节　在刚开车到正常生产前这一阶段，要不断调节工艺参数，直至管材符合要求为止。注意检验制品的外观质量、尺寸公差等。

⑥ 管材质量初步检验　如目测其圆度、表面光泽、颜色的均匀性等。

⑦ 注意生产过程中的问题　例如厚壁管材及某些易产生内应力的管材，避免快速冷却而使制品内部产生气泡或残余应力，应注意冷却温度。

(2) 工艺控制参数

① 温度控制　可分为：挤出机的温度控制，螺杆、机头的温度控制和冷却水的温度控制三个方面。

a. 挤出机温度控制　温度控制要求严格，据某种制品的具体配方、挤出机的型号、机头结构和螺杆转速而定；同时还应考虑温度计的误差，仪表温度和实际温度的误差。

b. 螺杆、机头温度控制　螺杆温度一般从加料段、压缩段、计量段依次增加，每段增加 10～20℃，机头温度略高于计量段。

为防止螺杆由于摩擦生热导致温度过高，适当对螺杆进行冷却，但冷却水温度不能过低。

c. 冷却水温度 在塑料管材挤出过程中，冷却水的温度控制对管材质量有直接的影响，如果水温较高时，可用过冷却水，以增强冷却效果。

② 速度控制 主要是挤出速度（即螺杆转速）和牵引速度的两方面。

a. 螺杆转速 其选择直接影响管材的产量和质量。

螺杆转速取决于挤出机的大小，例如螺杆直径为 45mm 和 90mm，其转速一般为 20～40r·min⁻¹ 和 10～20r·min⁻¹。提高螺杆转速虽可一定程度上提高产量，但单纯提高螺杆转速，则会造成塑料塑化不良，管材内壁毛糙，管材强度下降。

b. 牵引机速度 牵引机的速度一般比挤出管材的速度（即线速度）稍快，可以通过牵引速度的调节微调管材的壁厚。

③ 扭矩 在现在挤出生产线控制中，都能显示螺杆扭矩的变化。如果扭矩变化太大，则说明生产中有不稳定的因素。

④ 机头压力 在现在挤出生产线控制中，都能显示机头压力的变化。

⑤ 其他工艺参数 管坯刚被挤出口模时，还具有相当高的温度。为了使管材获得良好的光洁度、正确的尺寸和几何形状，管坯刚离开口模时必须立即定径同时冷却。用内压法定径时，管坯内的压缩气压为 0.01～0.02MPa；用真空法定径时，真空度为 0.035～0.070MPa。

4. PPR 管材挤出生产流程

挤出管材生产流程因设备不同略有不同，但其本质不变。塑料在挤出机塑化均匀后，经机头口模挤出，离开口模进入定径套冷却定型，再进入冷却装置进一步冷却，然后由牵引装置引出，定长切断，检验合格即为成品。图 3-12 为 PPR 管材挤出生产流程。

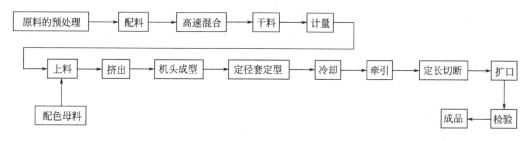

图 3-12 PPR 管材挤出生产流程

三、PPR 管材的性能及用途

1. PPR 管材的性能

PPR 管材卫生性能优良、无毒性，在生产、施工、使用过程中对环境无任何污染，且可回收利用，属绿色环保建材；除少数氧化剂外，可耐多种化学介质的腐蚀，不会生锈，不结垢、通水能力强，可免除管道腐蚀结垢所引起的堵塞；可耐一定的高温、高压；保温，属节能产品；质量轻、外形美观、使用寿命长。

2. PPR 管材的用途

建筑方面：建筑物的冷热水系统，包括集中供热系统。

供暖方面：建筑物内的采暖系统，包括地板、壁板及辐射采暖系统。

供水方面：可直接饮用的纯净水供水系统。

空调方面：中央（集中）空调系统。

工业方面：输送或排放化学介质等工业用管道系统。

其他方面：输送系统、压缩空气用管，其他工业、农业用管。

【任务实施】

图 3-13 为任务实施流程。

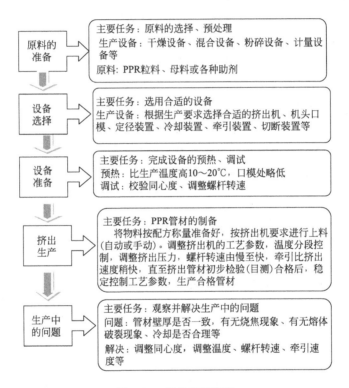

图 3-13　任务实施流程

【归纳总结】

1. 设备需要预先检查、清洁，有需要的物料按要求干燥、粉碎。

2. 设备准备时，按步骤进行，温度由低至高，转速由慢至快。

3. 生产时，注意温度、转速、压力的调节，直到管材壁厚一致、表面平整、光泽、颜色均匀。

4. 生产时，注意观察，发现问题及时调整。

5. 注意安全，不能违章操作。

【综合评价】

对于任务一的评价见表 3-1。

表 3-1　挤出生产 PPR 管材生产项目评价表

序　号	评价项目	评价要点
1	产品质量	管材外观光洁
		壁厚均匀
		尺寸公差合理
2	原料配比	母料,PP 树脂配比
3	生产过程控制能力	温度的分段控制
		螺杆转速的控制
		牵引速度的控制
		冷却温度控制
4	事故分析和处理能力	是否出现生产事故
		生产事故处理方法

【任务拓展】

挤出生产 PVC 管材。

任务二　挤出吹塑 PE 塑料薄膜

生产薄膜的方法主要有挤出吹塑、压延、T 型机头挤出法、双向拉伸法及流延法,其中挤出吹塑用的最多,挤出吹塑是指热塑性树脂经挤出得到的管状塑料型坯,趁热(软化状态)在型坯内通入压缩空气,使塑料型坯吹胀,经冷却后得到薄膜制品。

【生产任务】

　　选择合适的生产原料、生产设备;正确使用挤出吹塑生产线,完成挤出吹塑生产 PE 薄膜;产品质量达合格。

　　产品质量要求:薄膜厚度均匀,表面光洁,外观无气泡、鱼眼等瑕疵。

【任务分析】

采用平挤上吹方法生产 PE 薄膜,选择合适的塑料原料,选择合适的挤出设备,原料在挤出机的机筒塑化均匀后,以熔融态从挤出机前端的机头环隙口模挤出,形成管坯,由牵引设备引至人字板、夹辊,在管坯内通入空气吹胀,进行横向、纵向拉伸,风环冷却经冷却定型后,薄膜由牵引装置引出,经收卷装置收卷。所用原料如有需要进行适当的预处理,挤出生产时注意生产设备的调试,注意工艺参数的波动,确保产品质量。

【相关知识】

吹塑法生产薄膜设备紧凑,投资少;容易调整薄膜的宽度;易于制袋;薄膜在吹塑过程中得到了双轴定向,因此强度较高。但由于冷却速度小,生产速度慢;薄膜的厚度偏差较大。常用生产薄膜的材料有 PE、PP、PVC、PS、PA 等。

根据薄膜牵引方向不同,可将吹塑薄膜的生产形式分为平挤上引吹塑(简称平挤上吹)、平挤平牵吹塑（简称平挤平吹）和平挤下垂吹塑（简称平挤下吹）三种，其中以平挤上吹最为常见。

一、PE 薄膜简介

1. PE 薄膜简介

PE 薄膜的透气性较大，且随密度的增加，其透气性是下降的。PE 膜还具有防潮性，透湿性小。PE 薄膜根据原料不同，有 LDPE、HDPE、m-PE 塑料薄膜等不同性能的产品。

2. PE 薄膜产品展示

图 3-14 为常见的 PE 薄膜。

图 3-14　常见的 PE 薄膜

二、PE 吹塑薄膜的生产工艺

1. PE 吹塑薄膜的挤出设备

挤出吹塑生产线如图 3-15、图 3-16、图 3-17 所示。

（1）挤出机　吹塑薄膜一般采用单螺杆挤出机，螺杆长径比比较大，L/D 在 25 以上，为了提高混炼效果，有时在螺杆头部加混炼装置。通常在料筒末端和机头之间设过滤网，清除杂质和未熔化颗粒。螺杆直径和机头直径关系如表 3-2 所示。

表 3-2　螺杆直径和吹塑机头直径关系

螺杆直径/mm	45	50	65	90	120	150
机头直径/mm	<100	75～120	100～150	150～200	200～300	300～500

（2）吹塑薄膜机头、口模　用于吹塑薄膜的机头类型主要有转向式直角型和水平方向的直通型两大类。有的机头从中心进料，有些机头从侧面进料。直角型又分为芯棒式、螺旋式等几种，由于直角型机头易于保证口模唇部各点的均匀流动而使薄膜厚度波动减小，所以工业上用这类机头居多。直通型又分为水平式和直角式两种，该类型机头特别适用于熔体黏度较大和热敏性塑料。

螺旋式机头是新发展起来的一种机头，如图 3-18 所示。螺旋机头优点有：

① 料流在机头内无拼缝线；

② 由于机头压力大，薄膜物理力学性能好；

③ 薄膜厚度均匀；

④ 机头的安装和操作方便；

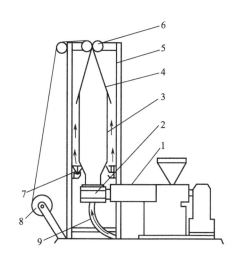

图 3-15　平挤上吹工艺流程

1—挤出机；2—机头；3—膜管；4—人字板；5—牵引架；
6—牵引辊；7—风环；8—卷取辊；9—进气管

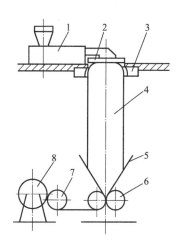

图 3-16　平挤下吹工艺流程

1—挤出机；2—机头；3—风环；4—膜管；5—人字板；
6—牵引辊；7—导向辊；8—卷取辊

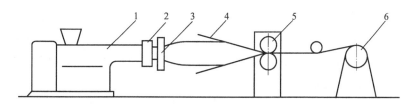

图 3-17　平挤平吹工艺流程

1—挤出机；2—机头；3—风环；4—夹板；5—牵引机；6—卷取辊

⑤ 机头坚固，耐用。

缺点是物料在机头中停留时间较长，不能加工热敏性塑料。

（3）冷却装置　冷却装置对于吹塑薄膜的生产非常重要，冷却装置必须有较高的冷却速率，挤出过程中保证管泡稳定，不抖动，管泡冷却均匀，可通过冷却装置对薄膜厚度进行调整，使挤出的薄膜制品具有良好的物理力学性能。吹塑薄膜常用的冷却装置有风环、水环等。

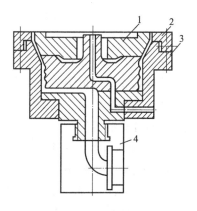

图 3-18　螺旋式机头

1—螺旋式芯棒；2—调节环；
3—机头体；4—机颈

① 风环　风环的结构如图 3-19 所示，风环一般安装在距挤出机机头 30～100mm，吹塑薄膜的直径增加时选大值，风环内径比口模内径大 150～300mm，小口径时选小值，大口径时选大值。

风环的作用是使冷风沿薄膜周围均匀、定量、定压、定速的按一定方向吹向管泡。普通风环一般有上、下两个环组成，有 2～4 个进风口，压缩空气沿风环的切线（或径线）方向吹入。风环中设有几层挡板，使空气气流缓冲、稳压、以均匀的速度吹向管泡。出风量须均匀，否则管泡冷却快慢不同会导致薄膜厚度不均匀。风环出风口的间隙一般为 1~4mm，可调。风从风环吹出的方向与水平面的夹角最好为 40°~60°，吹出角过小，风近似垂直方向吹向管泡，引起管泡飘动，使薄膜产生横向条纹，影响薄膜的薄厚均匀度；吹出角过大，影响薄膜的冷却效果。调整出风口和薄膜之间的径向距离得到合适的风速。

②　水环　在平挤下吹生产线中，熔体离开口模先用风环冷却，使管泡温度降低；然后立即用水环冷却，才能得到透明度高的薄膜。由于水环应用较少，不做详细介绍。

（4）定径装置　带有内冷却生产线需要定径装置，膜泡直径可以通过灵敏接触式扫描装置来获得，通过调节阀保持内压恒定，压缩空气变化改变膜泡直径。

（5）牵引装置

①　人字板　人字板是由两块板状结构物构成，呈人字形，称为人字板，它可以稳定管泡

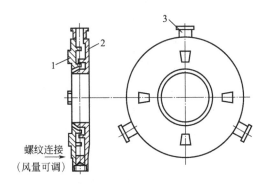

图 3-19　螺纹调节风环
1—上盖；2—下底；3—风管接口

形状，使其逐渐导入牵引装置。人字板的夹角一般为 10°~40°，大小可用调节螺钉调节，多调整为 15°~35°，有时也有调至 50°的情况。人字板的夹角太大，薄膜容易出褶皱，夹角太小，牵引架高度增加。用金属辊筒排成的人字板可以通冷却水进一步对薄膜冷却。如果薄膜直径大于 2m，则用导向辊排成人字形代替人字板。

②　牵引辊　牵引辊在人字板上方，它的作用是将人字板压扁的薄膜压紧送入卷取装置，防止空气泄漏，保证管泡形状和尺寸稳定性。牵引辊是由钢辊（主动辊）和橡胶辊（从动辊）组成。牵引辊的缝隙要对准机头中心，牵引速度可调节薄膜的厚度。

（6）卷取装置　薄膜从牵引辊出来经一系列导向辊进入卷取装置，卷取时薄膜应平整无褶皱，卷边在一条直线上。薄膜在卷取装置的松紧程度要一致。

卷取装置有表面卷曲和中心卷取，表面卷曲易损伤薄膜，应用少。现多采用中心卷取，为了薄膜收卷时有恒定的线速度，多用摩擦离合器调节卷取辊的转速。

（7）辅助装置　完成吹塑薄膜的生产还需要横向切断装置、纵切装置、电晕放电处理装置、边料处理装置等。

2. 吹塑薄膜的工艺参数

（1）吹胀比　吹胀比（α）是指吹胀后的管泡直径（D_p）与机头口模直径（D）之比。α 一般在 1.5~3.0 之间。对于超薄薄膜，最大可达 5~6。薄膜厚度不均匀性随吹胀比的增大而增大，吹胀比过大，容易导致管泡不稳定，薄膜易褶皱。

（2）牵引比　牵引比（b）是指牵引速度（V_D）与挤出速度（V_Q）之比。牵引速度是牵引辊的线速度，挤出速度是熔体离开口模的线速度。

（3）口模缝隙宽度　口模缝隙宽度 B 通常为 0.4~1.2mm，口模缝隙宽度过小，流动阻力大，挤出量下降；口模缝隙宽度过大，薄膜不稳定，容易出现褶皱和折断现象，厚度也不好控制。因此，口模缝隙宽度一般取在 0.8~1.0mm 之间，特殊情况可以大于 1.0mm。

3. 吹塑薄膜成型工艺

（1）生产操作规程

① 加热（挤出机预热） 挤出机分段设置温度，从加料段、压缩段、计量段依次增加，口模处略低。稳定 15～20min。

② 加料及挤出 温度稳定后，启动挤出机，开始时，加入少量物料，螺杆转速较慢，当熔融物料通过机头并吹成管泡时，逐渐提高转速，增加加料量。总的来说，螺杆转速应由慢到快，加料量由少到多。

③ 提料 将通过机头的熔融体汇集在一起，并将其提起，同时通少量空气，防止相互黏结。

④ 喂辊 提起管泡喂入牵引辊，使管泡压扁，通过导辊送入卷取装置。

⑤ 充气 喂辊后，将空气吹入管泡，空气压力保持恒定，横向、纵向拉伸管泡，直到达到要求的吹胀比。

⑥ 调整 通过口模间隙、风环风量、牵引速度调整膜厚。

（2）工艺控制参数

① 温度控制 温度的控制是生产的关键，直接影响薄膜产品质量。

温度控制一般变化规律是从加料段到机头逐渐升温，口模略有降低（PVC 薄膜生产口模温度最高）。这样控制温度使塑料在挤出机中经历高温时间短，不易分解，减少拆机头次数，提高生产力。

② 薄膜冷却 一般用风环冷却，管泡从机头到牵引辊运行时间一般只有 1min 多，在这段时间内必须将管泡冷却，否则在夹辊作用下会相互黏结。调整冷却风环的工艺参数，稳定薄膜。

③ 速度控制 螺杆转速和牵引速度可以调整薄膜厚度，一般牵引速度比挤出速度快。

4. 挤出吹塑薄膜生产流程

平挤上吹吹塑薄膜生产，塑料在挤出机塑化均匀后，经机头口模挤出，离开口模牵引至牵引夹辊同时通入空气吹胀管泡，风环对管泡进行冷却，然后由牵引夹棍经导向辊引至卷取装置。图 3-20 为 PE 吹塑薄膜生产流程。

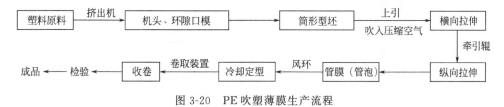

图 3-20 PE 吹塑薄膜生产流程

三、PE 吹塑薄膜的性能及用途

PE 吹塑薄膜性能优良、无毒，透水率低，透气性好，质量轻，外形美观，使用寿命长，容易着色，化学稳定性好，耐寒，耐辐射，电绝缘性好。它适合做食品和药物的包装材料，制作食具、医疗器械，还可做电子工业的绝缘材料等。

【任务实施】

图 3-21 为任务实施流程。

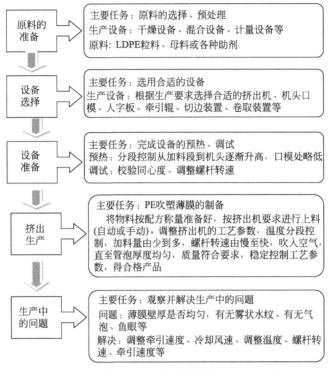

图 3-21 任务实施流程

【归纳总结】

1. 设备需要预先检查、清洁，有需要的物料按要求干燥、粉碎。

2. 设备准备时，按步骤进行，温度由低至高，转速由慢至快。

3. 生产时，注意温度、转速、风速、牵引速度的调节，直到薄膜厚度均匀、平整、无瑕疵。

4. 生产时，注意观察，发现问题及时调整。

5. 注意安全，不能违章操作。

【综合评价】

对于任务二的评价见表 3-3。

表 3-3 PE 薄膜挤出吹塑生产项目评价表

序　号	评价项目	评价要点
1	产品质量	薄膜厚度均匀
		透明度好
		外观无瑕疵
2	原料配比	母料,LDPE 树脂,助剂配比
3	生产过程控制能力	温度的分段控制
		螺杆转速的控制
		牵引速度的控制
		冷却风速控制
		吹胀比
4	事故分析和处理能力	是否出现生产事故
		生产事故处理方法

【任务拓展】

PVC 薄膜的挤出吹塑。

任务三　挤出流延 PP 塑料薄膜

挤出流延法生产薄膜是将高分子聚合物的熔体通过挤出机模头直接在冷却钢辊上铺展成型为一定厚度的未取向（或称未拉伸）薄膜。此法可以用来生产 CPP、CPE、CPA 等薄膜。

【生产任务】

> 　选择合适的生产原料、生产设备；正确使用流延生产线，完成挤出流延 CPP 薄膜的生产；产品质量达合格。
>
> 　产品质量要求：薄膜厚度均匀，透明度好，外观无气泡、鱼眼等瑕疵。

【任务分析】

采用流延法生产 CPP 薄膜，选择合适的塑料原料，选择合适的挤出设备，原料在挤出机的机筒塑化均匀后，以熔融态从挤出机前端的机头狭缝口模挤出，熔体紧贴冷却辊冷却，牵引拉伸，分切，卷取。所用原料如有需要进行适当的预处理，挤出生产时注意生产设备的调试，注意工艺参数的波动，确保产品质量。

【相关知识】

流延法生产薄膜和挤出吹塑薄膜相比，透明度好，挺度高。厚度精度有所提高，薄膜均匀度好，强度提高，但设备投资大。

一、CPP 薄膜简介

1. CPP 薄膜简介

CPP 薄膜具有透明度高、挺度好、热封温度低、耐热、防潮、阻隔性好、印刷和复合适应性强、表面光滑、耐蒸煮等诸多特点，与 PP 吹塑膜相比，CPP 膜具有光学性能优良、生产效率高、加工设备简单、单位面积成本低的优势，所以其在高档包装薄膜领域占有一定的地位。

2. CPP 薄膜产品展示

图 3-22 为常见的流延薄膜。

二、CPP 流延薄膜的生产工艺

1. CPP 薄膜的挤出设备

图 3-23 为薄膜挤出流延生产线

（1）挤出机　挤出机的规格决定挤出产量，因为流延薄膜的高速生产，所以挤出机规格至少选择螺杆直径大于 90mm 的挤出机，直径增加，薄膜产量增加。螺杆多采用混炼结构螺杆，挤出机长径比 L/D 在 25～33 之间，螺杆压缩比为 4。

（2）流延薄膜机头、口模　流延薄膜生产采用扁平机头，口模为狭缝型口模。使物料在整个机头宽度上的流速相等是机头结构的关键，这样才能获得厚度均匀，表面平整的薄膜。

图 3-22 常见的流延薄膜

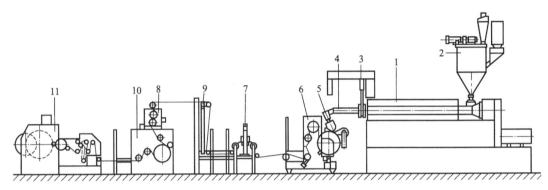

图 3-23 薄膜挤出流延生产线

1—挤出机；2—加料装置；3—过滤网；4—机头连接器；5—狭缝口模；6—冷却辊牵引装置；
7—厚度检测系统；8—表面处理系统；9—展平系统；10—中间牵引装置；11—收卷装置

这种机头对挤出板材、片材同样适用。

扁平机头有衣架式、支管式、分配螺杆式、鱼尾氏等，其中，衣架式扁平机头应用最广泛。图 3-24 为衣架式 T 型机头结构。

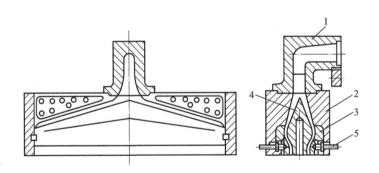

图 3-24 衣架式 T 型机头结构

1—连接体；2—机头体；3—模唇调节块；4—口模芯；5—厚度调节螺丝

（3）冷却装置 主要由冷却辊、剥离辊、制冷系统、气刀、辅助装置组成。

① 冷却辊 冷却辊是流延生产的关键部件，一般直径在 400～500mm（有些资料为 400～1000mm）之间，冷却辊长度稍长与口模宽度，表面镀硬铬，抛光至镜面光洁度。塑料熔体从机头口模挤出浇注到冷却辊表面，被迅速冷却形成薄膜，冷却辊还起到牵引作用。

② 气刀 气刀是吹压缩空气的窄缝喷嘴，宽度与冷却辊长度相同。配合冷却辊对薄膜

进行冷却定型,刀唇表面光洁,制造精度高。气刀的作用是使薄膜紧贴冷却辊表面,提高冷却效果,使薄膜透明度高。气刀的气流速度应均匀吹向薄膜,否则会引起薄膜质量下降。

(4)测厚装置 因为流延薄膜是高速连续生产,所以薄膜测厚装置必须实现非接触式跟踪自动检测。目前采用β射线/红外辐射测厚仪较多,检测器横向移动测量薄膜厚度,比较目标值和真实值,测得数据返回计算机处理,根据计算结果自动(或人工)调整工艺参数。

(5)张力的测控与振动装置 在流延薄膜高速连续生产中,由于传送和卷取,传动系统应要提供恒定的扭矩,可控硅整流直流电机可提供恒定的扭矩。一种测扭矩方法是测量电枢电流,由其计算与电机的拖动电流成正比关系的电机扭矩,由电枢电压计算速度。

(6)纵切装置(切边刀) 挤出薄膜会出现"瘦颈"现象,就是薄膜宽度小于机头宽度的现象,导致薄膜边部过厚,所以需要切除薄膜边部来保证薄膜端部整齐,表面平整。切边装置位置必须可调。

边料利用废边卷绕机卷成筒状或吸气方式吸出,可回收利用。

(7)电晕处理装置 为了改善薄膜印刷性及与其他材料的黏合力,提高表面张力,对薄膜进行电晕处理。处理后表面张力要求在 $32\sim58mN \cdot m^{-1}$ 之间,一般在 $38\sim44mN \cdot m^{-1}$ 之间。

(8)卷取装置 卷取装置采用主动收卷(有轴中心卷曲)形式,自动或半自动切割、换卷。多用双工位自动换卷。

(9)其他辅助装置 除上述装置外还有展平辊、导辊、压辊等装置。

展平辊防止薄膜收卷时产生褶皱。展平辊有人字型展平辊、弧形辊等。人字型展平辊表面带有左右螺纹槽;弧形辊轴线弯曲成弧,弓起面向着薄膜。

2. 流延薄膜成型工艺

(1)生产操作规程

① 加热(挤出机预热) 挤出机分段,设置温度,机筒分七段,加热温度依次增加(排气段温度略低),机头和机筒末端温度大致相同。稳定 $15\sim20min$。

② 加料及挤出 温度稳定后,启动挤出机,螺杆转速应由慢到快,加料量由少到多。

③ 牵引 将通过机头的熔融体流延到冷却辊冷却成薄膜,将其经牵引装置引入卷取装置。

④ 调整 由冷却辊温度、气刀风速等参数调整薄膜质量。

(2)工艺控制参数 挤出机挤出 PP,MFR 的速度为 $10\sim12g \cdot min^{-1}$,树脂型号根据用途选取,例如耐 140℃ 以上高温蒸煮杀菌级薄膜选用嵌段共聚 PP,普通包装级薄膜选用均聚 PP。

① 温度控制 若选择机头宽 1.3m、ϕ120mm 单螺杆挤出机,CPP 薄膜挤出温度见表 3-4。

表 3-4 CPP 薄膜挤出温度

部 位	1	2	3	4	5	6	7
机筒	180~200	200~220	220~240	230~240	210~220	230~240	240~260
机头			连接器:240~260;过滤器:240~260;模唇:240~250				

第五段因为是排气段所以温度稍低，适当提高挤出温度可提高透明度与强度。

冷却辊的温度影响结晶度。温度低，结晶度小，透明度好；但温度太低，制冷费用增加，温度一般在 18～20℃。

② 速度 挤出机螺杆速度在 60r·min⁻¹ 左右；牵引速度可达 80～90m·min⁻¹。提高牵引速度可增加薄膜纵向强度和挤出产量，但牵引速度太快，结晶度增加，透明度下降。

③ 气刀控制 气刀与冷却辊距离应尽量小且在整个机头宽度范围内相同，风压应均匀。

④ 收卷张力 收卷张力一般为 100N，过大，卷曲太紧，不利于陈化，分切；过小，卷曲不紧，边缘不整齐。收卷张力由力矩电机自动控制。

⑤ 电晕处理 薄膜表面张力随电晕处理时间增长而下降。处理后表面张力达 40～120mN·m⁻¹。表面张力太大，薄膜会发脆，力学性能下降。

3. 流延薄膜生产流程

挤出流延薄膜塑料在挤出机塑化均匀后，经狭缝口模挤出，流延到冷却辊冷却，然后由牵引装置引至卷取装置，用切边装置切除薄膜偏厚边部。图 3-25 为 PE 吹塑薄膜生产流程。

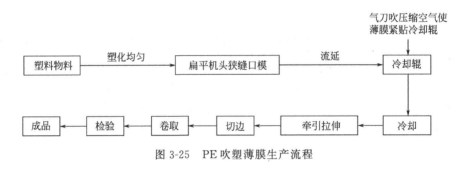

图 3-25 PE 吹塑薄膜生产流程

三、CPP 流延薄膜的性能及用途

CPP 薄膜具有透明度高、挺度好、热封温度低、耐热、防潮、阻隔性好、印刷和复合适应性强、表面光滑、耐蒸煮等诸多特点，可经过印刷、制袋用于食品、文具杂货及纺织品等物的包装，也可与其他薄膜复合后（PP 一般作为复合膜的内外层材料）用于包装各种食品，包括需要加热杀菌的食品、调味品、汤料等。CPP 薄膜因其加工设备简单、单位面积成本低的优势，所以其在高档包装薄膜领域占有一定的地位。

【任务实施】

图 3-26 为任务实施流程。

【归纳总结】

1. 设备需要预先检查、清洁，有需要的物料按要求干燥、粉碎。

2. 设备准备时，按步骤进行，温度由低至高，转速由慢至快。

3. 生产时，注意温度、转速、冷却辊参数、气刀参数、牵引速度的调节，直到薄膜厚度均匀、透明度好，无瑕疵。

4. 生产时，注意观察，发现问题及时调整。

5. 注意安全，不能违章操作。

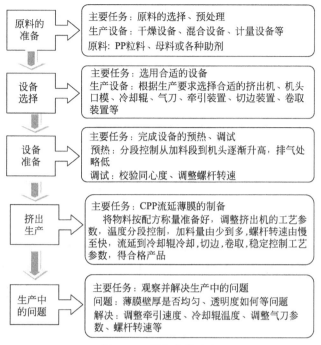

图 3-26 任务实施流程

【综合评价】

对于任务三的评价见表 3-5。

表 3-5 挤出生产 CPP 流延薄膜生产项目评价表

序 号	评 价 项 目	评 价 要 点
1	产品质量	薄膜厚度均匀
		透明度好
		外观无瑕疵
2	原料配比	母料，PP树脂，助剂配比
3	生产过程控制能力	温度的分段控制
		螺杆转速的控制
		冷却辊转速、温度
		气刀参数控制
		牵引速度、收卷速度控制
4	事故分析和处理能力	是否出现生产事故
		生产事故处理方法

【任务拓展】

CPE 薄膜的流延生产。

任务四　挤出生产 PVC 板材

塑料板材是指厚度在 2mm 以上的软质平面材料和厚度在 0.5mm 以上的硬质平面材料，

塑料片材是指厚度在 0.25～2mm 之间的软质平面材料和厚度在 0.5mm 以下的硬质平面材料。

塑料板材和片材的生产方法有挤出法、压延法、层压法、浇注法。挤出法和压延法是连续生产工艺，其他方法是间歇生产工艺。

【生产任务】

　　选择合适的生产原料、生产设备；正确使用挤出板材生产线，完成挤出流 PVC 板材的生产；产品质量达合格。

　　产品质量要求：板材厚度均匀，尺寸稳定，外观无气泡、凹陷等瑕疵。

【任务分析】

采用挤出法生产 PVC 板材，选择合适的塑料原料，选择合适的挤出设备和辅助设备，原料在挤出机的机筒塑化均匀后，以熔融态从挤出机前端的机头狭缝口模挤出，在三辊压光机压光冷却，再经冷却输送装置、牵引装置牵引至切断装置定长切断，挤出生产时注意生产设备的调试，注意工艺参数的波动，确保产品质量。

【相关知识】

生产塑料板材、片材常用的材料有 RPVC、SPVC、PP、PE、ABS、PS 等。挤出的板材按层数分为单层、多层；按形式分为平面板、波纹板、轧花板、发泡板、不发泡板。

一、PVC 板材简介

1. PVC 板材简介

PVC 板材包括硬质 PVC 板、软质 PVC 板、PVC 透明板等产品，PVC 硬板具有良好的化学稳定性，耐腐蚀性，硬度大，强度大。PVC 软板表面光泽、柔软。物理性能优于橡胶等其他卷材。PVC 透明板是一种高强度、高透明塑料板材，无毒、卫生，物理性能优于有机玻璃。

2. PVC 板材产品展示

图 3-27 为 PVC 板材。

图 3-27　PVC 板材

二、PVC 板材的挤出生产工艺

1. PVC 板材的挤出设备

图 3-28 为薄膜挤出流延生产线。

（1）挤出机　挤出机一般采用排气式单螺杆挤出机或双螺杆挤出机，排气式单螺杆挤出

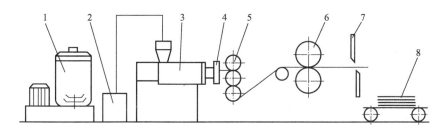

图 3-28　薄膜挤出流延生产线
1—高速混合机；2—储料槽；3—挤出机；4—机头；5—三辊压光机；6—牵引装置；7—切割装置；8—堆放装置

机的直径一般在 $90\sim200$mm 之间，长径比 L/D 为 $20\sim28$。PVC 粉料直接挤出板材可选用锥形双螺杆挤出机。

（2）挤出板材的机头、口模　挤出机头有管模机头和扁平机头两类，管模机头就是管材挤出机头，将挤出的管材刀割、压平、冷却，得到板材。这种机头结构简单，物料流动均匀，但生产的板材易翘曲，熔接痕难消除，所以比较少用。扁平机头有衣架式、支管式、分配螺杆式、鱼尾式等，其中，衣架式扁平机头应用最广泛。

（3）三辊压光机　从挤出机机头出来的板坯温度较高，三辊压光机对其压光、冷却、牵引。调整板坯各点速度一致以保证板材平直。

三辊压光机与机头距离一般在 $50\sim100$mm，应与机头尽可能靠近。如果距离过大，板坯下垂发皱，光洁度不好。

需要注意的是，三辊压光机不是压延机，不能将板材由厚压薄，它只有轻微的压薄作用，否则会导致三辊压光机的变形、损坏。

（4）冷却输送装置　厚度大于 5mm 的片材，三辊压光机不能将其完全冷却，通常的方法是用风扇或直接气流式中心鼓风机使板材冷却。对于较厚的板材，板材的移动速度慢，调节冷却输送装置长度、使用鼓风机使其有足够时间冷却。对于线速度较高的板材、片材，用鼓风机同时设喷淋水以增强冷却效果。

在三辊压光机与牵引装置之间有 $10\sim20$ 个直径约 50mm 的小圆辊，被称为冷却输送装置。对于厚板材，在冷却输送装置上自然散热、缓慢冷却，冷却输送装置的长度取决于板材厚度和塑料种类，一般为 $3\sim6$m（有些资料为 $8\sim11$m），对于非常薄的板材可不用冷却输送装置。

（5）牵引装置　经三辊压光机压后的板材由导辊引入牵引装置。牵引装置是由 $\phi150$mm 钢辊（主动辊，下方）和表面包橡胶的钢辊（从动辊，上方）组成，作用是将板材或片材牵引到切割装置，压平，防止三辊压光机积料。牵引速度比压光辊稍快，上下辊的间隙可调节。

（6）切边和切断装置　切边装置纵向切边，切去两端厚薄不均匀处。厚板用纵向圆锯片，板材离开牵引辊时即可切割。薄板可以用刀片切边，离开三辊压光机 $1\sim2$m 处即可切边。

切断装置是用锯、剪、热丝熔断切割器定长切断。

2. 挤出板材成型工艺

（1）生产操作规程

① 加热（挤出机预热）　挤出机分段设置温度，机筒、机头分段加热温度逐渐增加，机头温度比机筒高 5～10℃，稳定 15～20min。

② 加料及挤出　温度稳定后，启动挤出机，螺杆转速应由慢到快，加料量由少到多。

③ 三辊压光机压光　板坯进入三辊压光机，设置三个辊筒温度，一般中间辊筒最高，下辊筒最低，相差约 10℃，使与辊筒表面完全贴合但不能粘辊。

④ 牵引　在导辊的引导下进入牵引装置，调节牵引速度，压光辊之间不能积料。

⑤ 切断　纵向切去板材两端厚薄不均匀处，到切断装置定长切断。

（2）工艺控制参数

① 挤出温度　料筒温度根据原料而定，分段控制，一般分五段控制，例如 RPVC 板材挤出机筒温度为 120～130℃、130～140℃、150～160℃、160～180℃。机筒机头连接处温度为 150～160℃。

机头温度比料筒高 5～10℃，也分段控制，中间低，两边高，波动小。例如 RPVC 板材挤出机头温度为 175～180℃、170～175℃、155～165℃、170～175℃、175～180℃。

机头温度低，板材无光泽、易裂；温度高，塑料易分解、容易产生气泡。

② 三辊压光机温度　三辊压光机温度影响板材表面光洁度和平整度，为了防止板材产生内应力，板材要逐渐冷却。有时三辊压光机的辊筒应加热。

压光辊辊筒温度应足够高，使板、片材与辊筒表面完全贴合，有光泽或轧花。如果过高，板、片难脱辊，表面产生横向条纹或拉环。如果过低，则板材无光泽。一般中间辊筒最高，下辊筒最低，相差约 10℃，辊温与材料有关，例如 RPVC 板材，三辊压光机上辊温度 70～80℃，中辊温度 80～90℃，下辊温度 60～70℃。

③ 模唇开度　一般，模唇开度中间的间隙小，两边稍大。厚板，开度等于或稍大于板材厚度。ABS 薄板，开度等于或略小于板材厚度。ABS 单向拉伸薄片，开度远远大于片材厚度。

模唇流道长约为板材厚度的 20～30 倍（最大可 50 倍）。

④ 三辊压光机辊距　三辊压光机辊距一般等于或稍大于板材厚度。

⑤ 牵引速度　牵引速度与挤出的线速度基本相同，比三辊压光机稍快。板材需要在室温缓慢冷却，牵引速度不能太快。

3. 挤出板材生产流程

挤出 PVC 板材在挤出机塑化均匀后，经狭缝口模挤出，经三辊压光机压光、平整，然后由导辊送入牵引装置，引至切割装置定长切断。图 3-29 为挤出板材生产流程。

三、PVC 板材的性能及用途

PVC 硬板具有良好的化学稳定性，耐腐蚀性，硬度大，强度大，防紫外线（耐老化），耐火阻燃（具有自熄性），绝缘性能可靠，表面光洁平整，不吸水，不变形，易加工等特点。该产品是优等的热成型材料，能替代部分不锈钢和其他耐腐蚀性合成材料，被广泛用于化工、石油、电镀、水净化处理设备、环保设备、矿山、医药、电子、通讯及装潢等行业。

PVC 软板（卷材）表面光泽，柔软。性能特点是柔软耐寒、耐磨、耐酸、耐碱、耐腐

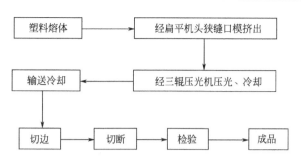

图 3-29　挤出板材生产流程

蚀、抗撕裂性优良，具有优良的可焊接性，物理性能优于橡胶等其他卷材。应用于化工，电镀，电解槽的衬里，绝缘垫层，火车、汽车内饰及辅助材料。

PVC 透明板具有高强度、高透明、耐候性好、无毒、卫生、物理性能优于有机玻璃。广泛用于设备护板、内饰、饮用水槽、液位显示等。

【任务实施】

图 3-30 为任务实施流程。

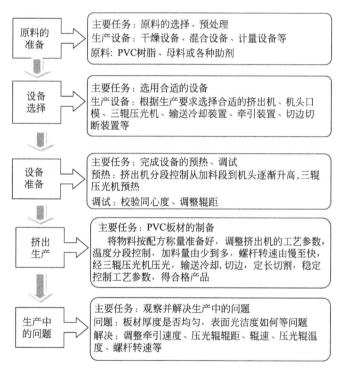

图 3-30　任务实施流程

【归纳总结】

1. 设备需要预先检查、清洁，有需要的物料按要求干燥、粉碎。

2. 设备准备时，按步骤进行，温度由低至高，转速由慢至快，压光辊辊速一致。

3. 生产时，注意温度、转速、辊距、辊速、挤出速度、牵引速度，直到板材厚度均匀、表面光洁度好，无气泡等瑕疵。

4. 生产时，注意观察，发现问题及时调整。

5. 注意安全，不能违章操作。

【综合评价】

对于任务四的评价见表 3-6。

表 3-6 挤出生产 PVC 板材生产项目评价表

序　号	评 价 项 目	评 价 要 点
1	产品质量	厚度均匀
		表面光洁度好
		外观无瑕疵
2	原料配比	母料,PVC 树脂,助剂配比
3	生产过程控制能力	温度的分段控制
		螺杆转速的控制
		压光辊辊速、辊距
		压光辊温度控制
		牵引速度控制
4	事故分析和处理能力	是否出现生产事故
		生产事故处理方法

【任务拓展】

ABS 板材的挤出生产。

塑料注塑成型加工技术

任务一　注塑 PVC 塑料拉伸试样

注塑成型是将塑料加热熔融塑化后，在柱塞或螺杆加压下，物料通过机筒前端的喷嘴快速注入温度较低的闭合模具内，经过冷却定型后，开启模具即得制品。这种成型方法是一种间歇式的操作过程，可生产结构复杂的制品，其成型制品占目前全部塑料制品的 20％～30％，是塑料成型加工中重要方法之一。

【生产任务】

> 　　正确使用注射机，设置注射参数，完成塑料拉伸试样的注射生产；能正确处理生产中出现的问题，注射产品质量合格。
>
> 　　产品质量要求：试样尺寸稳定，不缺料、不变形、无气泡、杂质等瑕疵。

【任务分析】

注塑生产哑铃形拉伸试验样条，是将粒状或粉状塑料从注塑成型机的料斗送入机筒内加热熔融塑化后，在螺杆转动加压下，物料被压缩并向前移动，通过机筒前端的喷嘴，以很快的速度注入温度较低的闭合模具内，经过一定时间的冷却定型后，开启模具即得制品。注塑生产时注意工艺参数的波动，确保产品质量。

【相关知识】

一、注塑制品简介

1. 注塑生产的特点

注塑成型方法的优点是生产速度快、效率高，操作可实现自动化，花色品种多，形状可以由简到繁，尺寸可以由大到小，而且制品尺寸精确，产品易更新换代，能成型形状复杂的制件。不利的一面是模具成本高，且清理困难，所以小批量制品就不宜采用此法成型。

2. 注塑制品展示

图 4-1 为注塑产品展示。

二、注塑机的主要参数

1. 注塑机结构

注塑机主要由注射装置、合模装置、加热冷却装置、液压传动系统和电气控制系统五个部分组成。结构如图 4-2 所示。

注射装置的作用是将塑料塑化，使其达到注射所要求的流动状态，并以足够的压力和速率将物料注入模腔。合模装置的作用是保证注射模可靠地闭合和实现模具的开闭动

图 4-1　注塑产品展示

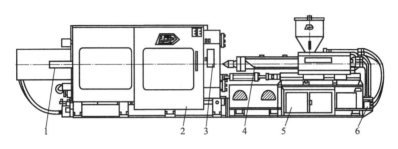

图 4-2　注塑机结构组成
1—合模系统；2—安全门；3—控制电脑；4—注塑系统；5—电控箱；6—液压系统

作以及取出制品。合模装置要具有足够大的锁模力，避免模具被顶开，保证制品精度。液压传动系统和电气控制系统的作用是保证注塑机按预定的工艺过程和动作程序进行工作。加热冷却装置的作用是保证塑化室和模腔中的物料达到所需的温度条件。常用电或蒸汽加热。

2. 注塑量

是指机器在对空注塑（无模具）条件下，注塑螺杆或柱塞作一次最大注塑行程时，注塑装置所能达到的最大注塑量。它反映了注塑机的加工能力。

常用两种表示，一种用注塑出熔料的质量单位（g）表示；另一种用注塑出熔料的体积单位（cm³）表示。

3. 注塑压力

指在注塑时，螺杆或柱塞端面处作用于熔料单位面积上的力，单位 MPa。对于一台注塑机，最高注塑压力（也称额定注塑压力）是一定的。生产时，注塑机的实际注塑压力要小于最高注塑压力。

注塑压力是由注塑系统的液压系统提供的。液压缸的压力通过注塑机螺杆传递到塑料熔体上，塑料熔体在压力的推动下，经注塑机的喷嘴进入模具的流道，并经浇口进入模腔，这个过程即为注塑过程。压力的存在是为了克服熔体流动过程中的阻力，以保证注塑过程顺利进行。

一般注塑压力在 70～250MPa 之间，由于塑料的种类不同、制品形状复杂程度不同，生产所需的注塑压力也不同。注塑压力的使用大致有以下几种情况。

① 注塑压力＜70MPa，用于加工流动性好的塑料，且制品形状简单，壁厚较大。

② 注塑压力 70～100 MPa，用于加工塑料黏度较低，形状、精度要求一般的制品。

③ 注塑压力 100～140 MPa，用于加工中、高黏度的塑料，且制品形状、精度要求一般。

④ 注塑压力 140～180 MPa，用于加工较高黏度的塑料，且制品壁薄、流程长、厚度不均，精度要求较高。

一些精密塑料制品的注塑成型，注塑压力用 230～250 MPa。

4. 注塑速度、注塑速率、注塑时间

注塑速度是指注塑时螺杆或柱塞移动速度，$cm \cdot s^{-1}$。注塑速率是单位时间内熔料从喷嘴射出的理论容量，$cm^3 \cdot s^{-1}$。注塑时间是螺杆或柱塞作一次注塑所需的时间，s。注塑行程是螺杆或柱塞移动距离，cm。一次最大注塑量为注塑速率和注塑时间的乘积。

注塑时，熔体经喷嘴进入温度较低的模腔，随时间延长熔体流动性下降，为了保证熔体充满整个模腔，必须缩短时间，提高注塑速度（或注塑速率）。

注塑速度也和塑料种类、工艺条件、制品形状等因素有关。注塑速度过低，制品易产生裂痕，密度不均匀，内应力大。注塑速度过高，熔料离开喷嘴不规则流动，大的剪切热烧焦物料，排不出气体，影响质量。

注塑时间是指塑料熔体充满型腔所需要的时间，不包括模具开、合等辅助时间。尽管注塑时间很短，对于成型周期的影响也很小，但是注塑时间的调整对于浇口、流道和型腔的压力控制有着很大作用。合理的注塑时间有助于熔体理想填充，而且对于提高制品的表面质量以及减小尺寸公差有着非常重要的意义。注塑时间要远远低于冷却时间，为冷却时间的 1/10～1/15，这个规律可以作为预测塑件全部成型时间的依据。

5. 塑化能力

注塑机塑化装置在 1h 内所能塑化物料的千克数（以 PS 为准），被称为塑化能力。注塑机塑化装置应该在规定时间内，保证能提供足够的塑化均匀的物料。

6. 合模力（锁模力）

合模力指注塑机合模装置对模具所能施加的最大夹紧力。熔体经喷嘴注入模腔中，注塑压力一部分损失在喷嘴、浇注系统中，剩余的就是模腔内熔体的压力，如果合模力不够大，则模具会被模腔压力顶开。

7. 保压压力与时间

在注塑过程将近结束时，螺杆停止旋转，只是向前推进，此时注塑进入保压阶段。保压过程中注塑机的喷嘴不断向型腔补料，以填充由于制件收缩而空出的容积。如果型腔充满后不进行保压，制件大约会收缩 25%。保压压力一般为充填最大压力的 85% 左右，当然要根据实际情况来确定。

8. 背压（塑化压力）

背压是指螺杆头部熔料在螺杆反转后退时所受到的压力，其大小可以通过液压系统中溢流阀来控制。背压的大小与塑化质量、驱动功率、逆流、漏流及塑化能力有关。

采用高背压有利于物料压实和塑化，但却同时延长了螺杆回缩时间，增加螺杆计量段熔体的逆流和漏流，增加了注塑机的压力，因此背压应该低一些，一般不超过注塑压力的 20%。

注塑热敏性塑料，如 PVC、POM 等，背压增加，熔体温度升高，制品表面质量好，但可能会导致制品变色、降解、性能下降。

注塑熔体黏度较高的塑料，如 PC、PPO 等，背压太高会引起动力过载；注塑熔体黏度特别低的塑料，如 PA 等，背压太高，容易发生流延，塑化能力下降。一些稳定性好的，熔体黏度适中的塑料，如 PE、PP 等，背压可高些，一般小于 2MPa。

9. 合模装置的基本尺寸

模板尺寸、拉杆间距、模板最大开距、动模板行距、模具最大厚度和最小厚度等。这些参数规定了模具尺寸适用范围、定位要求、相对运动及安装条件。

三、塑料注塑工艺过程

塑料的注塑成型工艺过程主要包括加料、加热塑化、合模、注射充模、保压、冷却、开模、脱模、顶出制品等阶段，一般以合模作为注塑机工作过程的开始，当模具被锁紧后，注射座前移，必须保证喷嘴中心和模具主流道中心一致，由液压油缸推动螺杆向前，使料筒前端的熔融物料在螺杆的推动挤压作用下，高压、高速的注入模腔内，经过一段时间的保压冷却，模具开启，制品被顶出，接着又开始合模进入下一周期循环。

需注意的是，为缩短成型周期，聚合物在螺杆内的预塑化与制品在模具内的保压冷却不仅同时进行，而且预塑化时间应稍小于冷却时间，以便成型周期达到最短；注射装置在注射后是否需要退回，根据塑料的工艺性能而定。注射装置退回的原因主要是避免喷嘴与冷模壁长时间接触，导致喷嘴内料温过低，甚至产生局部冷凝，堵塞喷嘴。如无必要，可以不退回。

其中，注塑成型的充模和冷却过程是注塑的核心步骤，决定制品质量。充模和冷却过程是指塑料熔体从注入模腔开始，经模腔充满、熔体冷却定型，到制品脱出的过程。

1. 充模阶段

该阶段是从柱塞或螺杆预塑后的位置开始向前移动开始，直到熔体充满模腔，时间是几秒至十几秒，也有不到一秒的。

充模开始时，模腔内没有任何压力，随物料注入模腔，模腔压力渐渐升高，到模腔充满对物料压实后，模腔压力达最大。

2. 保压阶段

保压阶段的作用是持续施加压力，压实熔体，增加塑料密度，以补偿塑料的收缩行为。保压阶段从模腔充满物料开始直到柱塞或螺杆后退。在保压过程中，由于模腔中已经填满塑料，背压较高。在保压压实过程中，注塑机螺杆仅能慢慢地向前作微小移动，塑料的流动速度也较为缓慢，这时的流动称作保压流动。由于在保压阶段，塑料受模壁冷却固化加快，熔体黏度增加也很快，因此模具型腔内的阻力很大。在保压的后期，材料密度持续增大，塑件也逐渐成型，保压阶段要一直持续到浇口固化封口为止，此时保压阶段的模腔压力达到最高值。

3. 倒流阶段

倒流阶段从柱塞或螺杆后退开始，到浇口处熔料冻结为止，时间为零秒到几秒。当模腔压力高于流道压力就会发生熔体倒流，从而使模腔压力迅速下降。如果柱塞或螺杆后退时，浇口已经凝固或喷嘴中装有止逆阀，则不会倒流。在生产中不希望出现倒流现象，并且倒流现象是可避免的。

4. 冷却阶段

这里的冷却阶段是指浇口凝固后到脱模前的继续冷却阶段，时间约几秒、几十秒甚至几分钟，塑料制品需要冷却固化到一定刚性，脱模后才能避免制品变形。

冷却阶段结束的标准如下。

① 制品最厚部横截面中心层的温度冷却到该种塑料的热变形温度以下。

② 制品断面的平均温度冷却到所要求某一温度以下。

③ 某些较厚的制品，虽然断面中心层部分尚未固化，但也有一定厚度的已固化的壳层，取出不会产生大的变形。

④ 结晶型塑料制品的最厚部断面中心层温度冷却到熔点以下或达到指定的结晶度。

5. 脱模阶段

脱模是一个注塑成型循环中的最后一个环节。虽然制品已经冷固成型，但脱模还是对制品的质量有很重要的影响，脱模方式不当，可能会导致产品在脱模时受力不均，顶出时引起产品变形等缺陷。脱模的方式主要有两种，顶杆脱模和脱料板脱模。设计模具时要根据产品的结构特点选择合适的脱模方式，以保证产品质量。

对于选用顶杆脱模的模具，顶杆的设置应尽量均匀，并且位置应选在脱模阻力最大以及塑件强度和刚度最大的地方，以免塑件变形损坏。

而脱料板则一般用于深腔薄壁容器以及不允许有推杆痕迹的透明制品的脱模，这种机构的特点是脱模力大且均匀，运动平稳，无明显的遗留痕迹。

四、成型周期

成型周期是完成一次注塑过程所需要的时间，如图 4-3 所示。在整个周期中，以注射时间和模内冷却时间的设定最为重要，对制品的质量起决定作用。

成型周期
- 注射时间
  - 充模时间——柱塞或螺杆前进的时间
  - 保压时间——柱塞或螺杆停留在前进位置的时间
- 模内冷却时间——柱塞后撤或螺杆旋转后退的冷却时间
- 其他时间——开模、脱模、喷涂脱模剂、安放嵌件和闭模等时间

（保压时间 + 模内冷却时间 = 总冷却时间）

图 4-3　成型周期

1. 充模时间

充模时间是从柱塞或螺杆向前移动直到熔体充满模腔的时间。充模时间越短，则注射速率越快，此时，熔体的密度高、温差小，有利于提高制品精度，但制品易产生溢边、银纹、气泡等缺陷。通常为 3～5s。对于黏度高、玻璃化温度高、冷却速率快的大型、薄壁精密制品及玻纤增强制品，或低发泡制品，应采用快速注射。

充模时间与注射压力有关。充模时间长，后面的熔体就要在较高的压力下才能进入模腔，模内物料受到的应力大，会使制品产生各向异性，使用时会出现裂纹。充模时间长，制品的热稳定性也较低。充模时间短，有利于提高制品的熔接强度。但充模速度过快，嵌件后部的熔接反而不好，使制品强度下降，也容易裹入空气，使制品出现气泡或使热敏性物料发

生分解。

2. 保压时间

保压时间就是对型腔内塑料的压实、补缩时间，在整个注射时间内所占的比例较大，一般为20～120s。保压时间和制品形状有关，特别厚的制品可高达3～5min；而形状简单的制品，保压时间也可为几秒钟。

在浇口凝固前，保压时间长短对产品质量影响很大。保压时间长，制品内应力大、强度低、脱模困难；保压时间短，制品密度低、尺寸小、易出现缩孔。保压时间还与料温、模温、主流道及浇口尺寸有关。在生产中，保压时间分级控制。

3. 总的冷却时间

冷却时间主要取决于制品的厚度、塑料热性能、结晶性、模具温度等，成型塑料制品只有冷却固化到一定刚性，脱模后才能避免塑料制品因受到外力而产生变形。冷却时间占整个成型周期的70%～80%。

一般，塑料玻璃化温度高、结晶型塑料，冷却时间较短；反之，冷却时间长些。冷却时间过长，成型周期长，生产效率低，还会使脱模困难。

浇口凝固后的冷却时间在理论上应和螺杆后退后制品在模腔内的冷却时间一致，但实际情况却不是如此。螺杆后退在浇口凝固后开始，但浇口凝固多长时间开始后退，这段时间应越短越好。如果浇口凝固前螺杆就后退，则会发生倒流。必须掌握好后退时间。

浇口凝固后的冷却时间对制品性能有很大关系，若时间过短，则制品容易产生内应力，制品易变形，且脱模困难；若时间过长，制品变脆。

4. 其他时间

其他时间与生产的自动化程度、操作者的熟练程度等有关。

五、塑料注塑基本工艺

塑料注塑基本工艺流程如图4-4所示。

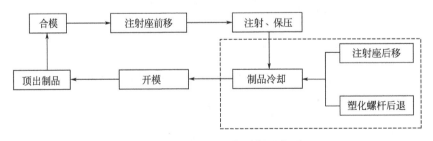

图4-4　注塑成型工作周期示意图

1. 注塑生产操作规程

① 阅读使用注塑机的资料，了解机器的工作原理、安全要求及使用程序。

② 依次接通注塑机电源、注塑机和模具加热开关，接通冷却水管，调节注塑机加热各段温度控制仪表的设定温度值至操作温度。当预热温度升至设定温度之后，恒温20～30min。

③ 接通控制板开关，设置注射压力、预塑量、注射速度、注射时间、冷却时间等工艺参数。

④ 启动主机，进行合模操作，安装模具。

⑤ 加入塑料物料，依次施行闭模，注塑装置前移，预塑程序，注塑装置后移，用慢速度进行对空注射，同时清洗料筒。

观察从喷嘴射出的料条有无离模膨胀和不均匀收缩现象。如料条光滑明亮，无变色、银丝和气泡，说明原料质量及预塑程序的条件基本适用，可以制备试样。

⑥ 进行操作，依次进行闭模、注塑装置前移、注射（充模）、保压、预塑/冷却、注塑装置后退、开模、顶出制品等操作。

动作中读出注射压力（表值）、螺杆前进的距离和时间、保压压力（表值）、缓冲垫厚度、背压（表值）及螺杆转速等数值。记录料筒温度、喷嘴加热值、注射及保压时间、冷却时间、成型周期。记录最大压力、最大速度、最大注塑量等设备参数。

从取得的塑料制品观察熔体某一瞬间在流道内的流速分布，由制得试样的外观质量判别实验条件是否恰当，调整不当的实验条件。

2. 注塑工艺控制参数

（1）预塑参数

① 工艺注射量　是指注塑机螺杆或柱塞在注射时，向模具内所注射的物料的熔体克数（g），这实际注射量又称工艺注射量，和注射螺杆直径、注射行程有关。螺杆所能推进的最大容积又称理论注射容积即注塑机的额定注射量。

选择时，一定要满足制品及其浇注系统的总用料量，一般在额定注射量的 $10\% \sim 70\%$ 之间。

② 预塑行程　又称计量行程，是指每次注射程序终止后，螺杆是处在料筒的最前位置，当预塑程序到达时，螺杆开始旋转，物料被输送到螺杆头部，螺杆在物料的反压力作用下后退，直至碰到限位开关为止，该过程称预塑过程，螺杆后退的距离称为预塑行程。因此，物料在螺杆头部所占有的容积就是螺杆后退所形成的计量容积，即注射容积。

预塑行程调节太小会造成注射量不足；太大则会导致机筒每次注射后的余料太多，使熔体温度不均或过热分解；对于热稳定性好的塑料，可以调大些。

③ 余料量　螺杆注射完了之后，并不希望把螺杆头部的熔料全部注射出去，而是希望留存一些，形成一定的余料。留存的余料一方面可以防止螺杆头部和喷嘴接触而发生碰撞，这时可将余料称为缓冲垫；另一方面可通过此余料来控制注射量的重复精度，及时向模具补充熔料，稳定制品质量。余料量过小，达不到缓冲目的；过大，有可能引起熔料的热降解。

④ 防延量　是指螺杆预塑到位后，又直线地倒退一段距离，使计量室中熔体的比容增加，内压下降，防止熔体从计量室（即通过喷嘴或间隙）向外流出。这个后退动作称防流延，后退的距离称防延量。防流延还有一个作用，在喷嘴不退回进行预塑时，降低喷嘴流道系统的压力，减少内应力，开机时容易抽出料杆。

防延量的设置要视塑料的黏度和制品的情况而定，防延量过大，会使计量室中的熔料夹杂气泡，严重影响制品质量，对黏度大的物料可不设防延量。

⑤ 螺杆转速　螺杆转速影响塑化能力、塑化质量和成型周期等。随螺杆转速的提高，塑化能力提高、熔体温度及温度的均匀性提高，塑化作用有所下降。

对热敏性塑料（如 PVC、POM 等），应采用低螺杆转速，以防物料分解；对熔体黏度较高的塑料，也应采用低螺杆转速，防止动力过载。

（2）合模参数

① 合模力　合模力的调整直接影响制品的表面质量和尺寸精度。如果合模力不足，会导致模具离缝，产生溢料；如果合模力太大会使模具变形，能量也消耗增加。

注塑给定制品时所需的实际合模力简称工艺合模力。为保证可靠的锁模，工艺合模力必须小于注塑机的额定合模力，一般不超过额定合模力的 0.8，工艺合模力可根据模腔压力和制品投影面积来确定。

② 顶出　制品需要一定的外力将其从模具中脱除，这个外力就是顶出力。顶出力太小，制品不能拖出；太大，会使制品翘曲变形和损坏；顶出速度过快，制品也会使制品翘曲变形和损坏；顶出行程短，不易顶出制品。

（3）温度参数

① 料筒温度　原则是保证塑料良好塑化，实现快速流动注塑，同时不降解或分解。小型注塑机分三段控温。从料斗到喷嘴依次升高。一般第一段加料段温度要低一些；第二段压缩段温度高出黏流温度 $10 \sim 20 \, ℃$；第三段计量段温度比压缩段高 $10 \sim 20 \, ℃$。

对于无定型塑料，料筒第三段温度高于黏流温度，结晶型塑料高于熔点，但要低于热分解温度。

热敏性材料，受热易分解，料筒温度应低些。但如果在料筒中停留时间过长，也会分解。所以，加工热敏性塑料时，严格控制料筒温度和塑料在加料筒内停留时间。

同一种塑料，相对分子质量高，相对分子质量分布窄，熔体黏度偏高，料筒温度可高些；相对分子质量低，相对分子质量分布宽，熔体黏度偏低，温度可低些。

塑料添加剂的存在也会影响料筒温度。如果是玻纤和无机填料，熔体流动性变差，料筒温度应提高。如果是增塑剂和软化剂，料筒温度适当降低些。

制品形状也有影响，薄壁制品膜腔狭窄，熔体注入阻力大，冷却快，温度可以高一些；厚壁制品阻力小，冷却慢，温度低一些。模具形状复杂（有嵌件），熔体充模流程曲折或稍长，温度高一些。

料筒温度提高，制品的表面光洁度、冲击强度及成型时熔体的流动长度提高，而注塑压力降低，制品的收缩率、取向度及内应力减少。所以，提高料筒温度有利改善制品质量。因此，在允许的情况下，可适当提高料筒温度。

② 喷嘴温度　喷嘴与模具直接接触，与冷模具接触会使喷嘴温度下降很快，导致熔体冷凝甚至堵塞喷嘴，冷凝物料进入模具也会影响制品质量。因此，喷嘴需要控制温度不能太低。

喷嘴温度一般小于料筒最高温度 $10 \sim 20 \, ℃$，一方面防止直通式喷嘴中发生流涎现象。另一方面，熔体与喷嘴摩擦产生热量，熔体温度实际上高于喷嘴温度，若过高则会使塑料降解，影响制品质量。

喷嘴温度与其他参数设置有关，如注塑压力低时，为保证熔体流动，料筒和喷嘴温度可高些。

③ 模具温度　模具温度对制品内在性质，表观质量影响大，与塑料结构、制品尺寸、结构性能要求等有关。

模具温度低于塑料的玻璃化温度或热变形温度，保持一定，才能使塑料成型达到一定的刚度而脱模。

模具温度主要取决于塑料是否结晶、制品的结构与尺寸、制品的性能要求及其他工艺参数。适当提高模具温度，可增加熔体流动长度，提高制品表面光洁度、结晶度和密度，减小内应力和充模压力。但由于冷却时间延长，制品的收缩率增大，生产效率降低。

（4）压力参数

① 背压　背压可通过调整液压系统中的溢流阀来调节。如果增加背压，会使熔体温度升高，改善温度均匀性和熔料的混炼效果，便于排除气体，但逆流和漏流增加，塑化效率减小，易造成降解。一般不超过注塑压力的 20%。

注塑热敏性塑料，如 PVC、POM 等，背压增加，熔体温度升高，制品表面质量好，但可能会导致制品变色、降解、性能下降。

注塑熔体黏度较高的塑料，如 PC、PPO 等，背压太高会引起动力过载；注塑熔体黏度特别低的塑料，如 PA 等，背压太高，容易发生流延，塑化能力下降。

一些稳定性好的，熔体黏度适中的塑料，如 PE、PP 等，背压可高些，一般小于 2MPa。

② 注塑压力　作用是克服流动阻力，给熔体一定的充模速率和压力。

注射压力的选择和塑料种类、制品形状有关，但要小于注塑机允许的压力。一般，黏度大，玻璃化温度高的塑料，注塑压力高些。料筒、喷嘴温度高，注塑压力低些。形状复杂、长流程的薄壁制品，注塑压力高些；大尺寸厚制品，注塑压力低些。

③ 保压压力　保压压力是熔体充满模腔，对熔体进行压实、补缩所需要的压力。和注射压力一样，保压压力也是分级设定，大小和注射压力相等，一般稍低于注射压力。

保压压力较高时，制品收缩率小，表面光洁度、密度增加，熔接痕强度提高，制品尺寸稳定。但脱模时制品残余应力较大、容易溢边。

【任务实施】

图 4-5 为任务实施流程。

【归纳总结】

1. 熟悉注塑机，设备需要预先检查、清洁注塑机。

2. 注塑机预热时，注意温度参数。

3. 生产时，注意注射温度、注射压力、观察试样，根据制品情况调整参数，直到得到制品形状饱满，表面光洁度好，无气泡等瑕疵。

4. 生产时，注意观察，发现问题及时调整。

5. 注意安全，不能违章操作。

【综合评价】

对于任务一的评价见表 4-1。

【任务拓展】

透明香皂盒的注塑生产。

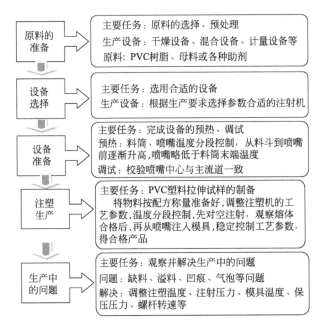

图 4-5 任务实施流程

表 4-1 注塑生产 PVC 塑料拉伸试样生产项目评价表

序 号	评 价 项 目	评 价 要 点
1	产品质量	厚度均匀,不缺料,不溢料
		表面光洁度好
		外观无瑕疵
2	原料配比	母料,树脂,助剂配比
3	生产过程控制能力	螺杆转速的控制
		料筒温度的分段控制
		喷嘴温度的控制
		模具温度控制
		注射压力、保压压力的控制
4	事故分析和处理能力	是否出现生产事故
		生产事故处理方法

塑料压延成型加工技术

任务一　SPVC压延薄膜的生产

压延成型是生产塑料薄膜和片材的主要方法。它是将已经塑化好的接近黏流温度的热塑性塑料通过一系列相向旋转着的水平辊筒间隙，使物料承受挤压和延展作用，而使其成为规定尺寸的连续片状制品的成型方法。可生产 0.05～0.3mm 的薄膜以及 0.3～1.00mm 的薄片。

【生产任务】

　　正确选择使用压延机，设置压延生产工艺参数，完成 SPVC 压延薄膜生产；能正确处理生产中出现的问题，产品质量合格。

　　产品质量要求：薄膜厚度均匀，表面无瑕疵，透明度符合要求。

【任务分析】

SPVC 压延薄膜生产工艺过程分为供料和压延两个阶段。供料阶段是压延的备料阶段，要完成塑料的配制、混合、塑化。压延阶段是压延成型的主要阶段，混合塑化好的物料经压延、牵引、压花、冷却定型、输送及卷绕或切割等工序完成生产。生产过程中正确使用混合、塑化、压延及其他设备，注意工艺参数的波动，确保产品质量。

【相关知识】

一、压延生产的特点

1. 压延生产的特点

常用的进行压延生产的热塑性塑料有 PVC、ABS、PE、PP 等，压延生产工艺的特点是能连续成型，生产能力大，操作方便，易自动化；产品质量均匀、致密、精确；成型不用模具，辊筒为成型面；制品为薄层连续型材，断面形状固定，制品尺寸大；成型适应性不是很宽，要求塑料必须有较宽的 $T_f \sim T_d$，制品形状单一；供料必须紧密配合，是连续生产线；设备大，投资高，辅助设备多，但生产能力大。

2. 塑料压延产品展示

图 5-1 为塑料压延产品展示。

二、压延设备

SPVC 压延薄膜生产线如图 5-2 所示。

1. 压延机整体结构

压延机的结构如图 5-3 所示。压延机主要由压延辊筒及其加热冷却装置、制品厚度调

图 5-1　塑料压延产品展示

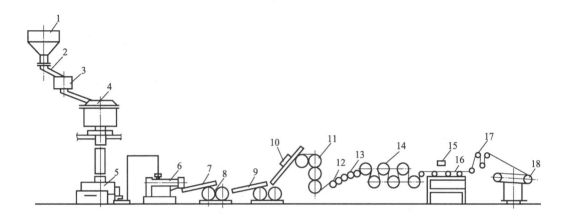

图 5-2　SPVC 压延薄膜生产流程

1—树脂料仓；2—加料器；3—称量器；4—高速热混合机；5—高速冷混合机；6—挤出机；7,9—运输带；8—开炼机；
10—金属探测器；11—四辊压延机；12—牵引辊；13—托辊；14—冷却辊；15—测厚仪；
16—传送带；17—张力装置；18—中心卷取机

整机构、传动设备、润滑装置和紧急停车装置等组成。随科技的发展，对于压延产品的厚度及均匀度要求越来越高，对压延机的精度、速度和自动化程度要求越来越高。例如，为改善厚度精确性，辊筒采用滚动轴承、辊筒轴端加预负荷装置等；为提高厚度均匀性，辊筒间设置轴交叉装置。还使用辊速、测厚和自动调节装置等控制装置。

2. 辊筒

辊筒是压延成型的主要部件，其与物料直接接触并对它施压和加热，制品的质量在很大程度上受辊筒的控制。

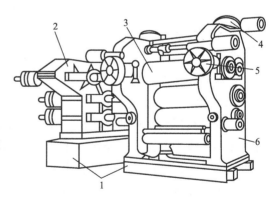

图 5-3　压延机结构

1—机座；2—传动装置；3—辊筒；4—辊距调节装置；5—轴交叉调节装置；6—机架

压延机的规格一般用辊筒外直径乘以辊筒工作部分长度表示，如 610mm×1730mm 四辊 T 型压延机，辊筒直径为 610mm，辊筒工作部分长度为 1730mm。我国压延机可表示为SY-4T-1730，SY 是塑料压延机，4T 表示四个辊筒 T 型排列，1730 为辊筒工作部分长度

（mm）。

为适应不同要求，压延机辊筒有三辊、四辊、五辊、六辊不等。压延成型通常以三辊、四辊压延机为主。辊筒的排列方式很多，通常三辊压延机的排列方式有 I 型、三角型等几种。四辊压延机则有 I 型、倒 L 型、正 L 型、T 型、斜 Z 型等。常见压延辊筒的排列形式如图 5-4 所示。

| I型 | 三角型 | I型 | 倒L型 | 正Z型 | 斜Z型 |

图 5-4　压延机辊筒排列形式

压延机辊筒和开炼机辊筒的结构大致相同，但由于压延机的辊筒是压延制品的成型面，而且压延的均是薄制品，因此对压延辊筒有一定的要求：

① 辊筒必须具有足够的刚度与强度，以确保在对物料的挤压作用时，辊筒的弯曲变形不超过许用值；

② 辊筒表面应有足够的硬度，同时应有较好的耐磨性和耐腐蚀性；

③ 辊筒的工作表面应有较高的加工精度，以保证尺寸的精确和表面光洁度；

④ 辊筒材料应具有良好的导热性；

⑤ 辊筒的结构和几何形状应确保沿辊筒工作表面全长温度分布均匀一致。

压延机辊筒长度增加，直径也要增加，以增大辊筒的刚性，压延机辊筒的有效长度与辊筒直径之比是其长径比，L/D 为 2～2.7，一般不超过 3。

3．制品厚度调整机构

压延制品的厚度首先由辊距来调节。压延机在物料运行方向倒数第二辊（三辊压延机为第二辊，四辊压延机为第三辊）的轴承位置，是固定不变的，其余辊筒的轴承都可通过辊距调节装置进行调节，在机架上特设的导轨中作前后移动，以便调整辊间距，对制品的厚度进行控制。

物料在辊筒的间隙受压延时，对辊筒有横向压力，将使两端支撑在轴承上的辊筒产生弹性弯曲，这样就有可能造成压延制品的厚度不均，其横向断面呈现中间厚两端薄的现象。如图 5-5 所示。解决这一问题，通常采用以下三种方法。

（1）中高度法　即把辊筒的工作表面加工成中部直径大，两端直径小的腰鼓型，沿辊筒

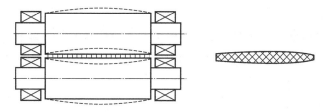

图 5-5　辊筒的弹性弯曲对压延制品横截面的影响

的长度方向有一定的弧度，消减辊筒挤压时出现的弯曲，如图 5-6 所示。一般中高度 h 在 0.05～0.10mm（也有资料认为在 0.02～0.06mm）之间。

（2）轴交叉法　如果将压延机相邻的两个平行辊筒中的一个辊筒绕其轴线的中点连线旋转一个微小角度，使两轴线成交叉状态，使两端变厚，削减中间高度，使厚度均匀，如图 5-7 所示。转动的角度一般为 1°～2°。

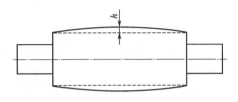

图 5-6　中高度法辊筒

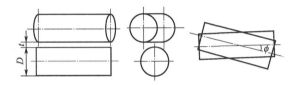

图 5-7　辊筒轴交叉示意图　　　图 5-8　压延制品横截面三高两低现象

（3）预应力法　在辊筒工作负荷作用前，在辊筒轴承的两端的轴颈上加上一个预应力，其作用方向正好与工作负荷相反，使辊筒产生的变形与分离力引起的变形方向正好相反，这样，在压延过程中辊筒所产生的两种变形便可以互相抵消，从而达到补偿的目的。此方法对轴承损伤较大，使轴承寿命变短，所以此法现在一般不采用。

压延制品横截面还会出现三高两低现象，如图 5-8 所示。中间高是由于辊筒弹性变形引起的，两边高则是由于辊筒表面轴向温度波动引起的。由于辊筒两端轴承润滑油带走一部分热量，辊的热量不断向两边机架传递，导致辊筒两端温度较低。

解决方法一是用红外线向辊筒两端加热，二是向辊筒中间部分吹冷风。

4. 传动机构

为了适应不同压延工艺的要求，辊筒速比应能变换，辊筒速度应在较大范围内调节。压延机辊筒的转动一般由电动机通过齿轮联结带动，经人字齿轮减速装置达到所要求的精确速度。为了使辊筒转动平稳，一般采用直流电动机。

5. 辅助装置

主要包括引离辊、轧花装置、冷却装置、卷取或切割装置等，以及金属监测器、测厚仪等，还包括压延人造革时使用的烘布辊筒、预热辊筒、贴合装置等。

三、压延成型原理

压延成型过程是借助于辊筒间产生的强大剪切力，使黏流态物料多次受到挤压和延展作用，成为具有一定宽度和厚度的薄层制品的过程。这一过程表面上看只是物料造型的过程，但实质上它是物料受压和流动的过程。

1. 物料在压延辊筒间隙的压力分布

压延时推动物料流动的动力来自两个方面，一是物料与辊筒之间的摩擦作用产生的辊筒旋转拉力，它把物料带入辊筒间隙；二是辊筒间隙对物料的挤压力，它将物料推向前进。

如图 5-9 所示，压延时，物料是被摩擦力带入辊隙而流动。由于辊隙是逐渐缩小的，因此当物料向前行进时，其厚度越来越小，而辊筒对物料的压力就越来越大。然后物料快速地流过辊距处，随着物料流动，压力逐渐下降，在物料离开辊筒时，压力为零。压延中物料受辊筒的挤压，受到压力的区域称为钳住区，辊筒开始对物料加压的点称为始钳住点，加压终止点为终钳住点，两辊中心（两辊筒圆心连线的中点）称为中心钳住点，钳住区压力最大处为最大压力钳住点。

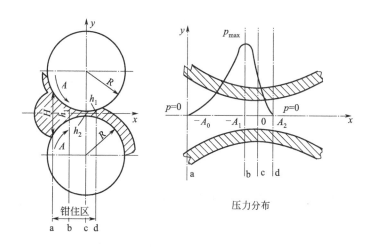

图 5-9　物料在辊筒间受挤压情况及压力分布情况

a—始钳住点；b—最大压力钳住点；c—中心钳住点；d—终钳住点

2. 物料在压延辊筒间隙的流速分布

辊筒对物料的压力是随辊隙的位置不同而递变的，因而造成物料的流速也随辊隙的位置不同而递变。即在等速旋转的两个辊筒之间的物料，其流动不是等速前进的，而是存在一个与压力分布相应的速度分布。图 5-10、图 5-11 分别为物料在等速、异速辊筒间的流速分布。

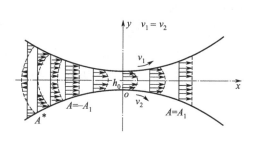

图 5-10　物料在等速辊筒间的流速分布

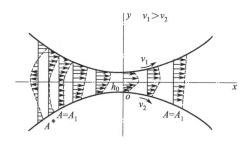

图 5-11　物料在异速辊筒间的流速分布

实际上辊筒大都是同一直径而有不同表面线速度，此时流动速度分布规律基本一样，只是物料的流动状况和流速分布在 y 轴上存在一个与两辊筒表面线速度差相对应的变化，其主要特点是改变速度梯度分布状态。这样就增加了剪切力和剪切变形，使物料的塑化混炼更好。

在中心钳住点处，具有最大的速度梯度，而且物料所受到剪应力和剪切速率与物料在辊筒上的移动速度和物料的黏度成正比，而与两辊中心线上的辊间距成反比，当物料流过此处时，受到最大的剪切作用，物料被拉伸、辗延而成薄片。但物料一旦离开辊距后，由于应力松弛而使料片增厚，最后所得的压延料片的厚度都大于辊距。

3. 压延高分子的应力松弛

高分子熔体有黏弹性，受力后，产生塑性形变。形变过程包括高弹性形变，必然伴有应力松弛。塑性形变实际上是在弹性和高弹性形变形恢复、应力松弛结束后，在总形变中剩余下来的永久形变。

为了保持半成品要求的尺寸和形状，应力松弛、高弹性形变恢复应在压延过程中尽快完成。否则，物料压延后收缩，厚度增加，长度和宽度下降。这种收缩在冷却过程中一直很明显，直到塑料温度和外界温度相近，收缩才基本停止。所以压延后要充分冷却，才能保持半成品的尺寸和形状稳定。另外，冷却后的塑料要停放一段时间才能使用。

高分子材料的收缩，除了应力松弛产生的以外，还有降温引起的热收缩。热收缩会引起体积缩小。应力松弛产生的收缩，体积不变，而是变形方向上的一种恢复，即某个方向收缩缩小，必有其他方向膨胀增大。

热收缩总是存在，温度下降必然导致收缩。减少塑料的收缩和膨胀，只能从减少应力松弛所产生的收缩来考虑。该收缩的大小与塑料的性质、压延温度、压延线速度及设备特征有关。

塑料温度影响很大，温度升高，黏度下降，大分子热运动加快，松弛速度加快，收缩率下降。

设备特征也对应力松弛产生的收缩有很大影响。塑料多通过辊筒间隙，大大增加应力松弛时间，收缩率下降。如果不同直径辊筒用相同的线速度压延同一厚度片材，则大辊筒应力松弛时间充分，收缩率较小。

对于同一种塑料来说，压延速度大的，塑料通过辊筒间隙时间短，收缩率也大。

所以减少收缩的主要措施是增加物料的应力松弛速度或延长压延时间。

4. 压延效应

压延效应是指压延物料在物理力学性能上的各向异性现象。压延片材的纵向拉伸强度（沿压延方向）大于横向拉伸强度；横向伸长大于纵向伸长；纵向收缩大于横向收缩。这种现象是塑料中的大分子和针状、片状等配合剂，在压延过程中沿压延方向取向的结果。与塑料组成、压延温度、速度、速比等有关。总的来说，凡是促进大分子运动的因素，有利于减少剪切速率因素，都能减小压延效应。

四、SPVC塑料薄膜压延工艺

生产SPVC薄膜，首先按规定配方，将树脂和助剂加入高速混合机中充分混合，混合好的物料送入到密炼机中去预塑化，然后输送到挤出机（或开炼机）经反复塑炼塑化，塑化好的物料经过金属检测仪，即可送入压延机中压延成型。压延成型中的料坯，经过连续压延后得到进一步塑炼并压延成一定厚度的薄膜，然后经引离辊引出，再经轧花、冷却、测厚、卷取得到制品。图5-12为塑料压延薄膜生产线。

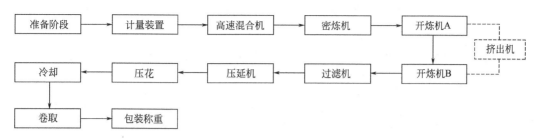

图 5-12　塑料压延薄膜生产线

1. SPVC 压延薄膜的配方组成与作用

SPVC 压延薄膜的配方组成如表 5-1 所示。

热稳定的选择与辊筒表面是否带有蜡状物关系极大，带有蜡状物对传热不利，还会对制品表面质量带来不良影响。防止措施一是少用正电强的热稳定剂，如使用正电性弱的 Zn、Cd、Pb 等皂类；二是掺入吸附这类金属皂的填料，如氢氧化铝；三是加入酸性润滑剂，如硬脂酸。

表 5-1　SPVC 压延薄膜的配方

名　称	配比/份	作　用	特　性
PVC(SG-3)	100	主原料	
DOP	31	增塑剂	SPVC 增塑剂份数在 40～50 份之间
TCP	15	增塑剂	
环氧酯	5	增塑剂	具有更好的低温柔性
CaCO₃	10	填料	
液体 Ba-Cd	2	热稳定剂	
硬脂酸钡-镉	1	热稳定剂	
H-St	0.3	润滑剂	
硅石粉	0.5	开口剂	

2. 工艺流程与工艺参数

（1）准备阶段　将几种增塑剂按配比预混合，混合均匀；加工前配置好稳定浆和色浆。

（2）计量装置　人工计量会带来计量偏差，原料易受污染，质量控制带来困难。密闭式计量方式比较先进，精度误差可控制在 0.5% 以内。

（3）高速混合（捏合）　称为捏合阶段，将 PVC 树脂和各种助剂混合均匀，还可促进增塑剂的吸收。混合料温 80℃ 左右，桶体温度 110℃ 左右。增塑剂外观判断完全吸收，蓬松有干燥感即可。

（4）密炼　预塑化阶段，在密炼机上把配好的塑料加压塑炼，将块状原料分散，并使之塑化。密炼机的空气压力 130～140MPa；若是捏合料，密炼时间 3～5min，若是干粉料，密炼室温度 140～145℃，密炼时间 4～8min；出料温度 160～165℃，得到团状塑化半硬料。

（5）开炼（混炼，塑炼）　使用开炼机或挤出机进行塑炼、混炼，使物料进一步混合、塑化均匀，达均一程度。

（6）过滤　使用挤出机进行挤出喂料，挤出机螺杆长径比比普通生产制品时使用的挤出机小得多，挤出喂料机实际起到过滤作用，又称过滤机。

过滤机螺杆一般通冷却水冷却，但生产较硬产品时，要适当升温，使物料顺利通过过滤网。一般的工艺参数，机筒 1 段 125～140℃，2 段 140～160℃，3 段 150～170℃，模头160～180℃。

（7）压延工艺参数

① 辊温　压延机的热量来源一是辊筒外部所传导的热量，二是摩擦与剪切所产生的热量。以倒 L 型压延机为例，如图 5-13 所示。倒 L 型压延机有 4 只辊筒，3 个间隙。δ_{1-2}、δ_{2-3}、δ_{3-4} 分别为第一辊隙、第二辊隙、第三辊隙，倒数第二只辊为主辊。

辊温规律一般为 $T_1 < T_2 < T_3 < T_4$，T_3 与 T_4 接近相等或 $T_3 = T_4$。每个辊筒相差 5～10℃。这样设置的原因是塑料自动黏附在高温高速的辊筒上，如此可使塑料能顺利转移。

PVC 在 90℃时开始软化，同时开始分解，现在加工温度最高可达 220℃。增塑剂含量上升，塑化温度下降；相对分子质量低，塑化温度下降。一般有 40 份增塑剂的塑料，温度为 150～170℃。

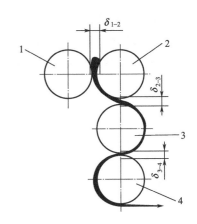

图 5-13　倒 L 型压延机的四个辊筒

② 各辊筒速比　压延机相邻两辊筒线速度之比称为辊筒的速比。由于压延机辊筒直径大致相等，所以辊筒的速比实质上是转速之比。产生速比的目的是为了使压延塑料依次贴辊，更好塑化。

辊速是压延成型的关键，一般情况下，主辊最慢，下一只辊筒的速度明显快于上一只辊筒，相邻辊筒速度比在 1.1：1～1.5：1 之间。

速比的调节原则是塑料既不能不吸辊，也不能黏辊，如果速比太大，塑料黏辊；太小，不能吸辊。

引离辊、压花辊、卷取辊的线速度依次增高，都要大于主辊。

③ 辊距　辊距是辊筒表面的最短距离，辊距变化规律为 $\delta_{1-2} > \delta_{2-3} > \delta_{3-4}$，其中 δ_{3-4} 稍小于制品厚。其原因是使辊隙间有一定的存料，起储料、补足、塑化完备等作用。

（8）压延效应　压延效应是热塑性塑料在压延过程中受到剪切力，使高分子材料顺着薄膜前进的方向发生取向作用，从而使压延制品在物理力学性能上出现各向异性。取向的结果是顺着取向方向力学性能增加；垂直于取向方向力学性能下降。

影响压延效应的因素有辊速、速比、积料、表观黏度、辊温、辊距、压延时间等。

（9）引离辊　引离辊距离最后一只辊筒为 75～150mm，低于压延机最后一只辊筒。引离辊的温度对薄膜很重要，可以消除薄膜的拉伸应力，因为引离辊不受挤压，所以引离辊的温度应略高于第四辊筒，一般高 1～5℃。

引离辊的转速比压延机主辊快 25%～35%。转速太快，制品内应力太大；转速太慢，引离效果不好。

（10）轧花辊　轧花辊是由一只花辊（即钢辊）和一只橡胶辊组成，用来在制品表面压花。如果压延的是半成品，不需要压花。

（11）冷却装置　冷却辊筒一般有 4～8 只，冷却辊筒的转速比轧花辊快 20%～30%。需要将制品冷却到 20～25℃。冷却程度对产品质量影响很大，若是冷却不足，则薄膜发黏，成卷后起皱、摊不平，收缩率大；若冷却过度，辊筒表面有冷凝水。

（12）后处理　切边，消除静电，洒粉，卷取等。

【任务实施】

图 5-14 为任务实施流程。

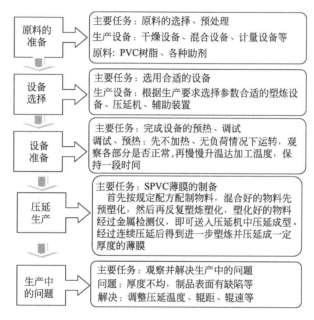

图 5-14　任务实施流程

【归纳总结】

1. 熟悉压延机和其他辅助设备，设备需要预先调试。

2. 检查辊筒间及其他设备部件是否有异物。

3. 生产时，注意开车前要预先对润滑油加热（800～100℃），预先润滑，待回油后，方可开车。

4. 开车时，先低速，待辊隙存有相当物料后，才调至加工速度。注意辊筒温度、轴承温度、回油温度、电机功率等。

5. 生产时，注意观察，发现问题及时调整。

6. 注意安全，不能违章操作。

【综合评价】

对于任务一的评价见表 5-2。

表 5-2　SPVC 压延薄膜生产项目评价表

序　号	评价项目	评价要点
1	产品质量	厚度均匀
		透明度好
		外观无瑕疵
2	原料配比	树脂,助剂配比
3	生产过程控制能力	辊筒温度的控制
		辊筒速度的控制
		辊距的控制
		轧花辊、引离辊的控制
		冷却辊的控制
4	事故分析和处理能力	是否出现生产事故
		生产事故处理方法

【任务拓展】

硬 PVC 片材的压延生产。

塑料模压成型加工技术

任务一　热固性塑料 PF 的模压成型

模压成型（又称压制成型或压缩成型）是先将粉料、粒料或纤维状的塑料放入成型温度下的模具型腔中，然后闭模加压而使其成型并固化的作业。模压工艺可兼用于热塑性和热固性塑料。

热固性塑料模压时塑料一直处于高温，在压力作用下，由固体变为高黏度的熔体，充满型腔，取得形状，随交联反应深化，熔体变为固体，脱模得到制品。

热塑性塑料模压时，前一阶段的情况和热固性塑料模压相同，但没有交联反应，在物料流满型腔取得形状后，需将模具冷却固化才能脱模得到制品。

模压成型工艺优点是可模压大平面制品，进行大量生产；设备投资少，工艺成熟，成本低；适用材料种类多。缺点是生产周期长，效率低；难自动化，劳动强度大；不能制形状复杂、厚壁制品；制品尺寸准确性低。常用的塑料有 PF 塑料、氨基塑料、UP 塑料、PI 和PTFE 等，以 PF 塑料、氨基塑料使用最广泛。

【生产任务】

> 选择合适的原料配方，正确使用混合设备、塑炼设备、模压设备，设置模压生产工艺参数，完成 PF 模压制品；能正确处理生产中出现的问题，产品质量合格。
>
> 产品质量要求：制品表面光洁、不缺料、无气泡、杂质。

【任务分析】

热固性塑料 PF 的模压成型是将缩聚反应到一定阶段的热固性树脂及其填充料混合置于成型温度下的压模型腔中，闭模施压。借助热和压力的作用，使物料一方面熔融成可塑性流体而充满型腔，取得与型腔一致的形样，同时，带活性基因的树脂产生化学交联而形成网状结构。经一段时间保压固化后，脱模，制得热固性塑料制品。

【相关知识】

一、酚醛树脂制品简介

1. 酚醛树脂简介

酚醛树脂也叫电木，是由苯酚和甲醛在催化剂条件下缩聚，经中和、水洗而制成的树脂。是世界上最早由人工合成的塑料，现在仍然是很重要的高分子材料。因选用催化剂的不同，可分为热固性和热塑性两类。酚醛树脂具有良好的耐酸性能、力学性能、耐热性能，广泛应用于防腐蚀工程、胶黏剂、阻燃材料、砂轮片制造等行业。

2. 酚醛树脂模压制品展示

图 6-1 为酚醛树脂模压制品展示。

图 6-1 酚醛树脂模压制品展示

二、模压成型原理

热固性树脂在模压成型过程伴有化学反应发生，加热初期由于相对分子量低呈黏流态，流动性好；随着官能团的相互反应，大分子链发生部分交联，流动性变小，并产生一定的弹性，物料处于胶凝状态；继续加热，交联反应加深，树脂由胶凝状态变为固态，树脂呈体型结构，加工完成。

从成型工艺来看成型过程包括流动段、胶凝段和硬化段三个过程。在流动段树脂大分子是线形或带有较少支链的结构，流动性好；在胶凝段大分子支链密度较大或是部分交联的结构，黏度增大，流动困难；硬化段的树脂大分子形成三维网状结构，失去流动性，成为不溶不熔的体型结构。

在加工时，可分为甲阶段、乙阶段、丙阶段。甲阶段是热固性树脂制备的早期阶段，树脂可溶可熔。乙阶段是反应的中间阶段，树脂能软化难熔融，部分可溶可熔；丙阶段是反应的最后阶段，树脂不溶不熔。加工时，要完成这三个过程，需要一定的外界条件，如温度、压力、时间等，其中温度的影响尤为重要。

三、模压成型工艺

1. 主要设备

模压生产主要设备是压机和模具。

压机（橡胶加工称为平板硫化机）的作用在于通过模具对塑料施加压力。压机的主要参数包括公称吨位、压板尺寸、工作行程和柱塞直径，这些指标决定着压机所能模压制品的面积、高度或厚度，以及能够达到的最大模压压力。

如图 6-2 所示的是上动式液压机，结构组成有上、下压板，固定（活动）垫块，柱塞（主机筒）。下压板固定，上压板与主柱塞相连并上下运动；顶出机构由位于下部机座内的顶出活

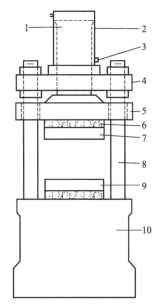

图 6-2 上动式液压机
1—柱塞；2—压筒；3—液压管线；4—固定垫板；
5—活动垫板；6—绝热层；7—上压板；
8—拉杆；9—下压板；10—机座

塞带动；下动式液压机是上压板固定，主柱塞位于下压板下并与之相连；脱模一般由安装在活动板上的机械装置完成。

模具一般为钢制，有多种类型，结构形式通常较简单。按照模具的结构特点分为溢式、不溢式（图 6-3）和半溢式（图 6-4）模具三种。

溢式模具成本低，操作容易，适合用于模压扁平状或碟状制品，制品精度不高。不溢式模具适合流动性较差的物料和深度较大的制品，投料量要准确，排气不利。半溢式模具兼具以上两种特点。

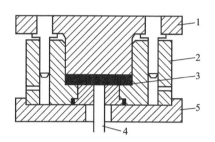

图 6-3　不溢式模具结构
1—阳模；2—阴模；3—制品；
4—脱模杆；5—定位下模板

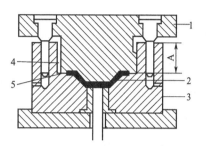

图 6-4　有支承面半溢式模具结构
1—阳模；2—制品；3—阴模；4—溢料槽；
5—支承面；A—装料室

2. 工艺过程

模压工艺大致有物料的准备、模压、后处理三个过程组成，物料准备又包括预热和预压。预压一般只用于热固性塑料，预热也可用于热塑性塑料。热固性塑料可以预热、预压全用，也可以只用预热。预热、预压可以提高模压效率，也可以提高制品质量。制品不大，质量要求不高，预热、预压可以省去。图 6-5 为模压成型工艺流程。

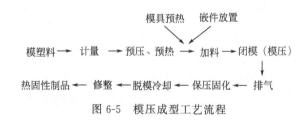

图 6-5　模压成型工艺流程

（1）预处理

① 预压　在室温下，把定量的物料预先用冷压法（模具不加热）压制成一定质量、一定形状大小的坯料，称为预压。所压的物体为预压物，也称压片、压锭或型坯。

使用预压物的优点是加料快，准确，简单，便于运转；降低压缩率，可减小模具的装料量；使物料中空气含量少，利于传热；改进预热规程（预压后可提高预热温度）。预压的缺点是增加一道工序，成本高。

预压的压力一般控制在使预压物的密度达到制品最大密度的 80% 为宜，预压压力的范围一般为 40～200MPa。

② 预热　热固性塑料在模压前的加热有预热和干燥双重意义。

预热的优点：加快固化速度，缩短成型时间；提高流动性，增加固化的均匀性；减少制品的内应力，提高产品质量；降低模压的压力。

预热时间与预热温度有关联，当预热温度确定后，可通过试验，做出预热时间与成型流动性的关系曲线，如图 6-6，然后在曲线上找出最佳流动性所对应的预热时间。

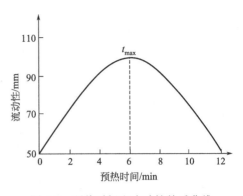

图 6-6　预热时间和流动性关系曲线

预热方法：热板加热、烘箱加热、远红外线加热、高频加热。

（2）模压工艺过程

① 嵌件安放　嵌件通常是制品的导电部分，或使制品与其他物体连接用的（轴承、轴帽、螺钉、接线柱），要求安放平稳准确，以免造成废品和损伤模具。

② 加料　加料工序强调加料准确和合理堆放。一般应堆成中间高、四周低的形式，这样有利于排气。闭模过程中对模与物料接触时少冲料，加料多，则制品毛边多，难以脱模；少则制品不紧密，光泽差。

③ 闭模　闭模时应先快后慢，阳模未接触物料之前，应尽可能使闭模速度快，而当阳模快要接触到物料时，闭模速度要放慢。先快是为了缩短非生产时间，避免塑料在未施压前固化，避免塑料降解；后慢是为了防止模具损伤和嵌件移位，有利于充分排除模内空气。

④ 排气　热固性塑料模压生产中，发生化学交联反应，会释放出小分子物质，在成型温度下体积膨胀，形成气泡。排气是为了赶走气泡、水分、挥发物，缩短固化周期，避免制品内部出现气泡和分层现象。

排气的方式是泄压、充模，时间很短即可（零点几秒至几秒），连续几次（2~5 次）。排气的次数、间隔时间等取决于所模压物料的性质。排气的时间不能过早和过迟。

⑤ 保压固化　在一定的压力和温度下，经过一定的时间，使缩聚反应达到所要求的交联程度。从理论上说，经过固化后，树脂由原来可溶可熔的线性结构变成了不溶不熔的体型结构。通常模内固化时间即保温保压时间，一般 30s 到几分钟不等，大多数不超过 30min。固化时间取决于塑料种类、制品厚度、预热情况、模压温度、模压压力等。

在实际操作中，全部固化过程不一定要在固化阶段完成，而在脱模以后的后烘工序完成，以提高设备利用率。例如，酚醛塑料的后烘温度为 90~150℃，时间约几小时到几十小时。

⑥ 脱模冷却　固化后将制品模具分离的工序称为脱模。热固性塑料可趁热脱模，通常靠顶出杆来完成。

脱模后要认真清理模具，通常用压缩空气吹洗模腔和模面，模具上的附着物可用铜刀或铜刷清理。

⑦ 制品后处理　为了进一步提高质量，热固性塑料制品脱模后常在较高的温度下进行后处理。后处理一般在烘箱内进行，作用是消除内应力，进一步固化，直至固化完全。处理温度比成型温度高 10~50℃。

（3）模压工艺影响因素　在整个过程中，热固性树脂不仅有物理变化，而且还有复杂的化学交联反应。模具外的加热和加压导致模腔内发生化学、物理变化的同时，模具内的压力、塑料的体积以及温度也随之变化。

图 6-7 表示了不溢式和带有支撑面的半溢式模具中，模压过程中压力-体积-温度的相互关系，图中 A 点表示所加物料的体积和温度的关系，B 点表示对不溢式模具施压后，物料受压缩体积（厚度）逐渐减小（如实线所示），当模腔压力达最大时，体积也压缩到相应的数值。但物料吸热后膨胀，在模腔压力保持不变的情况下体积胀大，如 C 点所对应的曲线。交联反应开始后，因反应放热，物料温度上升甚至会高于模压温度，当放出低分子物的过程体积会减小。完成模压后于 E 点卸压，模内压力迅速降至大气压，开模后成型物料因弹性回复，体积又会增大。制品在大气压力下逐渐冷却至室温，体积也逐渐减小到与室温对应值。

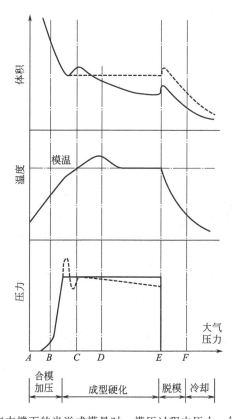

图 6-7　用不溢式和带有支撑面的半溢式模具时，模压过程中压力、体积、温度与时间的关系

在带有支撑面的半溢式模具中，物料的压力-体积-温度的相互关系稍有不同，这种模具中，多余的物料会通过阳模上的缝隙和分型面而溢流，模压过程中模腔容积不变，物料的体积不变。由于物料在高压下溢流，所以初期（B 点以后）模压压力上升到最大值后很快下降（用虚线表示）。后因物料吸热但无法膨胀，导致压力有所回升。在交联反应脱除低分子过程中，因阳模不能下移，物料体积变化小，模内压力则逐渐下降。

实际的模压过程，模具内物料的体积、温度和压力的变化不能单独发生，是相互影响同时进行的。如在 C 点物料的吸热膨胀和 D 点因化学反应而收缩的情况可能同时进行。图 6-7

表示了模压成型工艺中物料的体积、温度、压力变化的一般规律。影响模压的主要因素有模压温度、模压压力和模压时间。

① 模压温度　模压温度是指模压时所规定的温度，它使热固性塑料流动、充模，并最终固化的主要原因。塑料受热熔融来源于模具的传热。模压温度的高低，主要由塑料的性质来决定（交联的要求）。

模压温度会影响塑料的流动性、成型时充模是否顺利、硬化速度及制品质量等。

在一定温度范围内，模压温度升高，塑化速度加快，黏度下降，流动性增加。但随温度升高，固化速度升高，黏度升高，流动性下降。所以流动性-温度曲线具有峰值，如图6-8所示。因此，闭模后应迅速增加压力，使塑料在温度还不很高而流动性又较大时充满模腔各部分。由于流动性影响塑料的流量，所以模压成型时熔体的流量-温度曲线也有峰值，如图6-9所示。流量减少反映了交联反应进行的速度，峰值过后，曲线斜率愈大的区域，交联速度愈大，此后流动性逐渐降低。

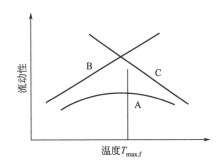

图6-8　温度与树脂流动性的关系
A—实际流动曲线；B—温度增大时流动性增加趋势曲线；
C—温度超过 $T_{\max,f}$ 后，随温度上升流动性下降趋势曲线

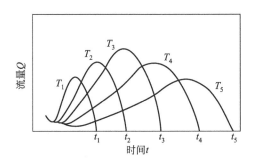

图6-9　不同温度下流动-固化曲线
温度：$T_1 > T_2 > T_3 > T_4 > T_5$
固化时间：$t_1 < t_2 < t_3 < t_4 < t_5$

由图6-9也可看出，温度升高能加快热固性塑料的固化速度，固化时间缩短，所以高温有利于缩短模压周期。但温度过高会因为固化速度过快而使流动性迅速降低，并引起充模不满，特别是形状复杂、壁薄、深度大的制品尤为明显。温度过高还会引起变色、有机填料分解，制品表面暗淡。同时，高温下，制品外层固化比内层快得多，导致内层挥发物难以排除，这会降低制品的机械性能，开启模具时，会使制品开裂、翘曲、变形、肿胀等。所以，在模压生产厚制品时，往往不是提高温度，而是在降低温度的情况下用延长模压时间来生产。

但温度过低，物料固化慢，因为固化不完全的外层受不住内层挥发物压力作用造成制品暗淡甚至表面发生肿胀，而且模压周期变长，效率低。一般经过预热的塑料进行模压时，由于内外层温度较均匀，流动性较好，故模压温度可高些。

② 模压压力　压机作用在模具上的压力，也是模压时，模具对塑料所施加的力。它可以使塑料在模具中加速流动，能增加塑料密实度，能克服物料在固化反应中放出低分子物及挥发物生产的压力，避免出现肿胀、脱层等缺陷；保持固定的尺寸和形状；防止制品冷却时发生形变。

模压压力的大小取决于塑料类型、制品结构、模压温度及物料是否预热等因素。对某种

塑料来说，流动性越小、硬化速度越快、物料压缩率越大、壁薄和面积大的制品需要的模压压力也越大。

一般来讲，增大模压压力可增进塑料熔体的流动性、降低制品的成型收缩率、使制品更密实，性能提高。但压力过大影响模具使用寿命，增加设备功率消耗；压力过小会增多制品带气孔的机会。

在一定范围内提高模压温度，物料流动性增加，可以适当降低模压压力，但要防止因温度提高导致局部过热使制品性能变坏。

物料经预热流动性较好，通过塑料预热温度对模压压力的影响关系如图 6-10 所示。可以看出，适当的提高预热温度，因塑料流动性增大，可降低模压压力，但不适当的增高预热温度，塑料因发生交联导致熔体黏度上升，抵消了较低温度预热增大流动性的效果，反而增加模压压力。

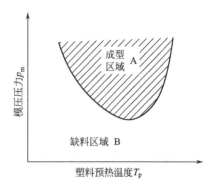

图 6-10　模压压力与预热温度的关系

实际操作中，常用分布加压法，先低压快速合模，防止塑料受热时间过长，过早硬化降低流动性；当阳模接触物料时，再慢速低压，使物料融化；进入充模阶段升高压力，使物料充满模腔，保压、固化。这样做可防止冲击嵌件和型芯，有利于排气。

③ 模压时间　模压时间是指模具完全闭合加压开始，物料在模具中升温到固化脱模的这段时间，模压时间的长短也与塑料的类型、制品形样、厚度、模压工艺及操作过程有密切关系。通常随制品厚度增大，模压时间相应增长，适当增长模压时间，可减少制品的变形和收缩率。采用预热、压片、排气等操作措施及提高模压温度都可缩短模压时间，从而提高生产效率。但是，倘若模压时间过短，固化未必完全，启模后制品易翘曲、变形或表面无光泽，甚至影响其物理机械性能。

除此之外，塑料粉的工艺特性、模具结构和表面光洁度等都是影响制品质量的重要因素。表 6-1 列出酚醛塑料模压成型工艺条件，可供参考。

表 6-1　酚醛塑料模压成型工艺条件

试样类别	预热条件		模压条件		
	温度/℃	时间/min	温度/℃	压力/MPa	时间/min
电气(D)	135～150	6～3	160～165	25～35	6～8
绝缘 V165	150～160	6～10	150～160	25～35	6～10
绝缘 V1501	140～160	4～8	155～165	25～35	6～10
高频(P)	150～160	5～10	160～170	40～50	8～10
高电压(Y)	155～165	4～10	165～175	40～50	10～20
耐酸(S)	120～130	4～6	150～160	25～35	6～10
耐热(H)	120～150	4～8	155～165	25～35	6～10
冲击 J1503	125～135	4～8	165～175	25～35	6～10
冲击 J8603	135～145	4～8	165～175	25～35	6～10

注：板材厚度 3.5～10mm，厚度小，压制工艺参数取较小值。

四、PF 模压生产操作步骤

1. 塑料粉配制

按配方称量，将各组分放入捏合机中，搅拌 30min 后，检测合格后将塑料粉装入塑料袋中备用。参考表 6-2。

表 6-2　酚醛树脂模塑料粉配方举例

原　材　料	质　量　份　数	原　材　料	质　量　份　数
酚醛树脂(02)	100	硬脂酸锌	1.5
六亚甲基四胺	13	炭黑	0.6
轻质氧化镁	3	云母	100
硬脂酸镁	2		

2. 压制成型

① 熟悉平板硫化机的基本结构和运转原理，了解压机在手动、半自动状态下的操作程序。

② 根据塑料工艺性能、制品尺寸以及制品使用性能，见表 6-1，拟定模压温度、压力和时间等工艺条件。

③ 接通电源，检查模压设备各部分的运转、加热情况是否良好，并及时调节到工作状态。根据工艺要求设定排气次数和模压时间，将电接点压力表指针调至拟定的放气、保压位置。

④ 将移动压模置于压机上预热到模压温度（预热时应注意压机热板与压模接触），

然后在脱模器上将压模脱开，用棉纱擦拭干净并涂以少量脱模剂。随即把已计量的塑料粉（必要时应按规定预热）加入模腔内，堆成中间稍高的形式，合上上模板再置于压机热板中心位置。

⑤ 把手动/自动开关扳向自动位置，触动循环按钮，自动过程即开始。液压活塞推动下压板上升。合模后，系统压力升至设定位置，模具自动完成排气过程，然后继续升压至要求的油表压力。

⑥ 按工艺要求保压一定时间后，电机自动启动解除压力，中、下压板降至原位。戴上手套将压模移至脱模器上脱开模具，取出制品，用铜刀清理干净模具并重新组装待用。

⑦ 改变工艺条件，重复上述操作过程，再次进行模压实验。

【任务实施】

图 6-11 为任务实施流程。

【归纳总结】

1. 熟悉平板硫化机和其他辅助设备，设备需要预先调试。

2. 检查模压设备和模具是否清洁干净。

3. 生产时，注意温度、压力参数，注意排气，制品刚脱模时温度较高，注意防烫。

4. 合模时，先快后慢，防止冲击嵌件。

5. 生产时，注意观察，发现问题及时调整。

6. 注意安全，不能违章操作。

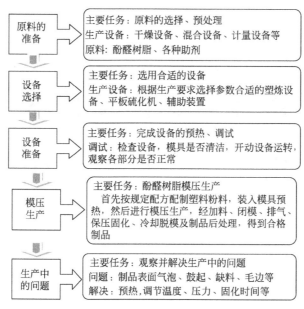

图 6-11 任务实施流程

【综合评价】

对于任务一的评价见表 6-3。

【任务拓展】

PVC 制品的模压生产。

表 6-3 PF 模压制品生产项目评价表

序 号	评价项目	评价要点
1	产品质量	表面无起泡,肿胀
		不缺料,毛料不要过厚
		制品尺寸合格
2	原料配比	树脂,助剂配比
3	生产过程控制能力	预热温度的控制
		预热压力的控制
		模压温度的控制
		模压压力的控制
		模压时间的控制
4	事故分析和处理能力	是否出现生产事故
		生产事故处理方法

泡沫塑料加工技术

任务一　LDPE 泡沫塑料板的制备

泡沫塑料（微孔塑料）是整体内含有无数微孔的塑料。所含泡孔绝大多数是相互连通的泡沫塑料称为开孔泡沫塑料。所含泡孔绝大多数是互不连通的泡沫塑料称为闭孔泡沫塑料。

【生产任务】

> 　　选择合适的原料配方，正确使用混合设备、塑炼设备、模压设备，设置模压生产工艺参数，完成 LDPE 泡沫板的制备；正确处理生产中出现的问题，产品质量合格。
>
> 　　产品质量要求：制品无翘曲、僵块、凹陷等缺陷。

【任务分析】

制备 LDPE 泡沫板，先在低于交联剂和发泡剂分解温度以下，高于 LDPE 熔点的温度，将交联剂和其他加工助剂与低密度聚乙烯放入密炼机中，混合、塑炼成团状熔体料；再用开炼机，在与密炼温度相近的温度下，将塑炼后的团状熔体料迅速打包拉成未发泡的片材；然后将未发泡的片材置于恒温于发泡交联温度之下的压模型腔中，经加热、加压、化学交联、化学发泡、冷却定型，最后成为 LDPE 泡沫板。

【相关知识】

一、泡沫塑料简介

1. 泡沫塑料简介

泡沫塑料具有质轻、比强度高、热导率低、吸湿性低（闭孔型）、回弹性好、绝热、隔音等优点。广泛应用于消音、隔热、防冻、保温、缓冲、防震以及质轻场合。

泡沫塑料按软硬程度分为软质泡沫塑料和硬质泡沫塑料。软质泡沫塑料应力解除后能恢复原状，硬质泡沫塑料应力解除后不能恢复原状，半硬质泡沫塑料介于二者之间。

按发泡的程度分为低发泡（密度大于 $0.4\mathrm{g \cdot cm^{-3}}$）、中发泡（密度在 $0.1 \sim 0.4\mathrm{g \cdot cm^{-3}}$ 之间）和高发泡（密度小于 $0.1\mathrm{g \cdot cm^{-3}}$）泡沫塑料。

常用的原料有 PU、PS、PE 及 PVC，有时也用 UF、PF、EP、有机硅树脂等。

2. 泡沫塑料产品展示

图 7-1 为泡沫塑料产品展示。

二、泡沫塑料气泡成型原理

气发性泡沫塑料是将气体溶解在液态聚合物中或将聚合物加热到熔融态同时产生气体并

图 7-1 泡沫塑料产品展示

形成饱和溶液，当体系中的气体超过其溶解度时，气体就逸出形成无数的微小气泡（称为泡核），泡核增长而形成气泡。气泡稳定后保留在塑料中，就形成了泡沫塑料。

气发性泡沫塑料形成分三个阶段。

1. 气泡核的形成

发泡剂（或气体）加入到熔融塑料或液体混合物中，形成气-液溶液，随气体量增加，溶液呈饱和状态进而进入超饱和状态，气体逸出，形成小气泡，称为气泡核。气-液溶液中形成气泡核的过程称为成核作用。成核有均相成核和异相成核，均相成核的气泡核和泡体是同一物质，可能形成粗大不均匀的泡孔。异相成核是体系中有其他物质（有成核剂），形成的气泡细小而均匀。

2. 气泡的增长

随溶解气体的增加、温度的升高、气体的受热膨胀和气泡合并，气泡不断生长，成核作用大大增加了气泡数量，气泡膨胀，气泡孔径增大。

表面张力和溶液的黏度是气泡增长的主要因素。发泡过程中温度升高，黏度降低，从而引起局部过热，或由于某种作用使表面张力降低，会导致壁膜减薄，甚至泡沫塑料崩塌，应尽力避免。

3. 气泡的稳定

由于气泡不断生成和增长，形成无数气泡，泡沫体系的体积和表面积增大，气泡壁变薄，导致气泡体系不稳定。生产泡沫塑料，要使气泡稳定在体系中，常用的方法一是在配方中加入表面活性剂以利于形成微小气泡，减少气体扩散使气泡稳定；二是提高聚合物的熔体黏度，对物料冷却或增加交联度，来稳定气泡。

三、泡沫塑料的发泡方法

1. 物理发泡法

用物理变化形成气泡的方法称为物理发泡法，主要有以下三种情况。

① 用低沸点液体蒸发汽化形成气泡。作为发泡使用的液体一般要求其沸点小于 60℃，最好在常温常压下呈气态。

② 在加压条件下把惰性气体压入熔融塑料或糊塑料中，降压、升温，使溶解气体释放、膨胀而形成气泡。常用的惰性气体有 N_2，CO_2 等。

③ 在塑料中加入中空微球后固化而制成泡沫塑料，称为组合型泡沫塑料，不属于气发性泡沫塑料。例如具有中空微球结构的填料有粉煤灰，填充于塑料中，既保护环境又降低成

本，但塑料力学性能下降很多，只能适用于低负荷场合。

优点：①操作中毒性小；②用作发泡剂的原料成本低；③发泡后没有发泡剂的残余物，对泡沫性能几乎无影响。

将这种发泡剂在低温或常温下渗透到树脂内部，然后加入使其蒸发，在树脂颗粒中形成微孔，再经二次发泡（有时只经一次发泡）形成泡沫塑料制品。PS泡沫塑料常用这种方法制备。常用的发泡剂见表7-1。

表7-1 常用的性能优良作为发泡剂使用的液体

发泡剂名称	相对分子质量	密度(25℃)/g·cm⁻³	沸点/℃	蒸发热/J·kg⁻¹
戊烷	72.15	0.616	30～35	360
异戊烷	72.15	0.613	9.5	—
己烷	86.17	0.658	65～70	—
异己烷	86.17	0.655	55～62	—
丙烷	44	0.531	−42.5	—
丁烷	58	0.599	−0.5	—
二氯甲烷	84.94	1.325	40	—

表中前六种发泡剂价格不贵、毒性低，特别是戊烷具有很高的发泡率，但是易燃。二氯甲烷有毒，但是具有阻燃性，PS和EP泡沫塑料多用此发泡剂。

2. 化学发泡法

化学发泡法是指发泡气体由混合原料中的某些组分的分解或两组分相互之间的化学作用而产生气体的方法。

化学发泡法主要有以下两种类型。

① 发泡气体由加入的热分解型发泡剂受热分解产生，这种热分解型发泡剂称为化学发泡剂。分为无机化学发泡剂和有机化学发泡剂。

无机化学发泡剂主要是碱金属的碳酸盐和碳酸氢盐类，如碳酸铵和碳酸氢钠等。无机发泡剂价格低廉，不会降低塑料的耐热性能，但与塑料相容性不好。

有机化学发泡剂主要是偶氮类、酰肼类或胺类的有机物。有机发泡剂受热分解，产生大量气体。但大部分有机发泡剂是易燃易爆物质，有的还有一定毒性，使用时注意防护。常用的性能优良的有机发泡剂见表7-2。

表7-2 常用的性能优良的有机发泡剂

化学名称	编写代号	分解温度/℃	发气量/mL·g⁻¹	分解产生的气体
偶氮二甲酰胺	ABFA，AC	220	220	N_2，CO_2，CO，NH_3
4,4'-氧代二苯基磺酰肼	OBSH	140～160	125	N_2
对甲苯磺酰氨基脲	TSSC	193	140	N_2，CO_2，CO，NH_3
5-苯基四唑	-	232	200	N_2
三肼基三嗪	THT	265～290	175	N_2，NH_3
N,N'-二亚硝基五亚甲基四胺	H	130～190	260～270	N_2，CO_2，CO

② 利用两组分之间的相互作用产生的气体进行发泡，例如生产 PU 泡沫塑料，由异氰酸酯和水反应而生成的 CO_2 气体。

3. 机械发泡法

采用强烈的机械搅拌，使空气卷入树脂乳液、悬浮液或溶液中成为均匀的泡沫体，然后再经过物理或化学变化，使之凝胶、固化而成为泡沫塑料的方法。此法目前使用较少。

4. 发泡助剂

（1）成核剂　各种情况下，加入成核剂可以获得细小而均匀的气泡。典型的成核剂有滑石粉、超细活性碳酸钙等，它们可以作为局部气泡核的起点，发泡气体从溶液中逸出并吸附在这种细微颗粒上形成气泡核。用量约在 1% 。

（2）交联剂　为了使某种塑料（如 PE、PP）在发泡前能够交联的物质。

（3）助交联剂　在 PP 的交联过程中必须加入助交联剂才能进行。

（4）发泡剂的活化剂　在 PVC 塑料中各种稳定剂大多数是 AC 发泡剂的活化剂。

四、聚乙烯泡沫塑料生产工艺

1. LDPE 泡沫塑料生产工艺原理

LDPE 泡沫塑料采用化学发泡剂和化学交联剂，一步法生产低密度聚乙烯泡沫板。其生产过程分为三个阶段：

① 密炼。在低于交联剂和发泡剂分解温度以下，高于 LDPE 熔点的温度，将交联剂过氧化二异丙苯（DCP）、化学发泡剂偶氮甲酰胺（ADCA）和其他加工助剂与低密度聚乙烯放入密炼机中，混合、塑炼成团状熔体料；

② 双辊拉片。用双辊塑炼机，在与密炼温度相近的温度下，将塑炼后的团状熔体料迅速打包拉成未发泡的片材；

③ 压制成泡沫片材。将未发泡的片材置于恒温于发泡交联温度之下的压模型腔中，经加热、加压、化学交联、化学发泡、冷却定型，最后成为 LDPE 泡沫片。

LDPE 是带有支链结构的乙烯聚合物，聚集态结构由结晶区和非结晶区组成，LDPE 树脂熔点在 105～125℃ 之间，发泡过程中，物料温度未达到晶体结构熔融前，材料较硬、流动性差，发泡气体不能膨胀；物料温度使晶体结构熔融时，熔体黏度急剧下降（结晶度高的树脂下降尤为剧烈），随着温度升高熔体黏弹性将进一步降低。熔体这种性质使发泡过程中的气体容易逃逸，发泡条件只能限制在狭窄的温度范围内。其次，LDPE 从熔融态转变成结晶态时，要放出结晶热，加之熔融 LDPE 的比热容又较小，因此从熔融状态至固化状态经历的冷却时间较长，不利于保持气泡稳定。再有，LDPE 气体透过率高，发泡剂分解的气体易于渗透外逸使泡沫崩塌。上述的发泡性能使工艺控制十分困难，为了改善 LDPE 发泡工艺性能的这些缺点，除控制树脂的熔体流动速率，还需采用分子链间交联的方法。随着LDPE 交联度增加，熔体黏度、弹性比没有交联的 LDPE 有所增加，从而可以在比较宽广的温度范围内获得适宜发泡的条件，提高泡沫的稳定性，制得均匀、微细、高发泡倍率的泡沫制品。

LDPE 化学交联通常用有机过氧化物作交联剂。例如以过氧化二异丙苯（DCP）作交联剂为例，LDPE 的交联过程如下。

① 加热条件下，DCP 分解为异丙苯氧自由基，异丙苯氧自由基又可能分解为甲基自由基和苯乙酮。

$$C_6H_5-C(CH_3)_2-O-O-(CH_3)_2C-C_6H_5 \longrightarrow 2C_6H_5-C(CH_3)_2-O\cdot \longrightarrow$$

$$2C_6H_5-\overset{\overset{\displaystyle O}{\|}}{C}-CH_3 + 2CH_3\cdot$$

② 异丙苯氧自由基和甲基自由基夺取 LDPE 大分子链（多数是支链位置叔碳原子的）氢，生成大分子自由基。

③ 大分子自由基互相结合形成共价键，得到交联聚乙烯。

有机发泡剂的偶氮甲酰胺（ADCA）是 LDPE 最常用的发泡剂。ADCA 受热时发生分解，ADCA 的分解是一个复杂的反应过程，气体物质除 N_2（约占 65%）、CO（约占 32%）外尚有少量的 CO_2（约占 2%）和 NH_3 等。此外，固体物质有脲、联二脲、脲唑、三聚氰酸等，这些固体物易在成型模具处结垢，连续发泡过程时应设法除去。

ADCA 分解的发气量 $220mL\cdot g^{-1}$（标准状态），分解放热 $168kJ\cdot mol^{-1}$，在塑料中的分解温度为 165～200℃。若在此分解温度下，交联的 LDPE 熔体黏度明显降低，黏弹性变差，给发泡工艺过程造成新的困难。因此要在发泡工艺的原料配方中加入某些助剂降低发泡剂分解温度，加快发泡分解速度，这类助剂称为发泡促进剂。ADCA 的发泡促进剂有铅、锌、镉、钙的化合物，有机酸盐以及脲等。例如发泡促进剂氧化锌（ZnO）、硬脂酸锌（ZnSt，兼作润滑剂）。

化学发泡时把发泡剂均匀混入 LDPE 中，加热使发泡剂分解释放大量气体和热能，气体与熔融 LDPE 混合，在成型设备的工作压力下溶解于熔体内，热能在发泡剂粒子的位置形成局部热点，这些局部的热点温度较周围 LDPE 熔体温度更高，致使黏度较周围熔体的低，表面张力适量减小，成为溶解气体可以膨胀发泡的位置，即泡核。而周围熔体内的气体，不断地向泡核渗透、扩散，直至气体的压力与泡核壁面的应力处于平衡状态为止。当发泡剂分解完后，成型设备解除工作压力的瞬间，熔体温度、气体的压力、体积变化与泡核壁面取得新的应力平衡，发泡材料急剧胀大，成为细密、均匀、稳定泡孔结构的发泡制品。

2. LDPE 泡沫塑料板的生产过程

① 使用设备有密炼机、双辊炼塑机、压力成型机等。

② 检查机器是否正常，利用加热、控温装置，把密炼机、双辊炼塑机、压力成型机工艺部件及发泡模具分别恒温到 130℃、100～120℃ 及 160～180℃。

③ 按配方设计的比例，将 LDPE 放入容器中，按发泡促进剂、交联剂、发泡剂顺序分别称量准确后，研磨均匀。

④ 启动密炼机，调节转子转速为 $20～30r\cdot min^{-1}$，从加料室将原料按 LDPE、助剂、剩余 LDPE 顺序加料，加料完毕关闭加料门，放下上顶栓，使物料承受规定的压强，停止主机。

⑤ 在 120～130℃的温度下，预热物料 3min。

⑥ 预热结束，启动主机，物料开始密炼。

⑦ 密炼 10～15min，物料已均匀，开启下顶栓放出团块状的物料。

⑧ 启动双辊炼塑机，调节辊距为 3～4mm，在 100～120℃的温度下将密炼好的团块状物料辊炼 1～2 次，取下成为未发泡的片坯。

⑨ 按发泡模具型腔容积所需片坯的质量，称量片坯。

⑩ 将已恒温 160～180℃的发泡模具清理干净，置于压力成型机下工作台中心部位，放入已称量的塑炼的片坯。

⑪ 合模加压至压力成型机液压表压强为 9～32MPa，模压泡沫板。

⑫ 在模具温度 160～180℃下，模压发泡成型 10～12min，得到泡沫板。

⑬ 生产结束，设备停机，清理模具。

【任务实施】

图 7-2 为任务实施流程。

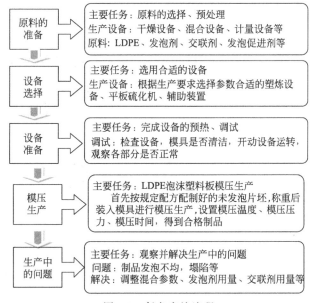

图 7-2　任务实施流程

【归纳总结】

1. 熟悉生产设备，设备需要预先调试。

2. 检查设备和模具是否清洁干净。

3. 生产时，注意温度、压力、时间等参数。

4. 合模时，先快后慢，防止冲击嵌件。

5. 生产时，注意观察，发现问题及时调整。

6. 注意安全，不能违章操作。

【综合评价】

对于任务一的评价见表 7-3。

表 7-3　LDPE 泡沫塑料板生产项目评价表

序　号	评 价 项 目	评 价 要 点
1	产品质量	表面无僵块、塌陷
		不缺料
		制品尺寸合格
2	原料配比	树脂，助剂配比
3	生产过程控制能力	混合、塑化的控制
		模压温度的控制
		模压压力的控制
		模压时间的控制
		发泡剂、交联剂、发泡促进剂用量
4	事故分析和处理能力	是否出现生产事故
		生产事故处理方法

【任务拓展】

聚氨酯泡沫板的制备。

情境八

橡胶加工技术

任务一　橡胶的配方设计

橡胶又称为弹性体，具有高弹性，在较小的外力作用下就能显示出高度变形的能力，而在外力除去后，又能回复原来的形状，这种高弹性质是橡胶所独有的。硫化后的橡胶可以在摄氏零下几十度到摄氏一百多度（甚至高达 200～300℃，如硅橡胶、氟橡胶）宽广的温度范围内表现出高弹性。

【生产任务】

掌握常用的生胶原料的性质，掌握橡胶中各种添加剂的性能及作用；能设计出合理的橡胶制品配方，并写出具体的物质。

任务要求：橡胶配方基本合理。

【任务分析】

根据橡胶使用性能要求，选择合适的生胶和配合剂，要掌握橡胶成型所需要的各种组分及其性能和适用范围。

【相关知识】

作为橡胶制品的原材料主要包括生胶、补强剂、硫化剂、防老剂等各类添加剂和骨架材料。

一、生胶

生胶通常是指市售的固体橡胶，它是制造橡胶制品的最基本原料，也称为原料橡胶，包括天然橡胶、合成橡胶和再生橡胶。

1. 天然橡胶

天然橡胶是橡胶工业中最早应用的橡胶，20 世纪 30 年代以前，橡胶工业消耗的原料橡胶几乎全是天然橡胶。由于天然橡胶综合性能优异，所以它是一种重要的战略物资和经济物质，20 世纪 60 年代以来，天然橡胶与合成橡胶形成并驾齐驱的发展局面。

天然橡胶主要取自热带及亚热带栽培的三叶橡胶树，橡胶树种植后，经过 5～6 年可开始割胶，从橡胶树上采集的白色乳液称为乳胶，经过凝固、干燥等加工工序而成为固体天然橡胶。

天然橡胶是以异戊二烯为单元链节，以共价键结合而成的长链分子，其化学结构式为

$$\left[CH_2-C=CH-CH_2 \right]_n$$
$$\qquad\ \ \, CH_3$$

相对分子质量在 $10 \times 10^4 \sim 180 \times 10^4$ 之间，平均分子量在 $40 \times 10^4 \sim 70 \times 10^4$ 的居多。天然橡胶大分子在空间的排列位置有顺、反两种异构体，即顺式 1，4-结构和反式 1，4-结构。以天然三叶橡胶为代表的顺式 1，4-结构，在室温下具有弹性及柔软性；以杜仲橡胶为代表的反式 1，4-结构在室温下无弹性，可作为塑料使用，这种差别主要是由于它们的立体结构不同造成的。

天然橡胶的密度为 $0.91 \sim 0.93 \mathrm{g} \cdot \mathrm{cm}^{-3}$，能溶于苯、汽油中。天然橡胶受热时逐渐变软，在 $130 \sim 140\,℃$ 下软化，$150 \sim 160\,℃$ 下变黏，$200\,℃$ 左右开始分解，$270\,℃$ 急剧分解。天然橡胶的玻璃化温度为 $-71\,℃$，在此温度下呈玻璃态。将天然橡胶冷却至一定温度或将其进行拉伸，可使橡胶部分结晶，天然橡胶在 $-26\,℃$ 时的结晶速率最大。

天然橡胶生胶及交联密度不太高的硫化胶的弹性较高，天然橡胶的弹性在通用橡胶中仅次于聚丁二烯橡胶。天然橡胶的生胶、混炼胶和硫化胶的强度都比较高。未硫化胶的拉伸强度称为生胶强度，天然橡胶的生胶强度可达 $1.4 \sim 2.5 \mathrm{MPa}$，同样是聚异戊二烯的异戊橡胶，其生胶强度没有天然橡胶高。纯天然橡胶硫化胶的拉伸强度为 $17 \sim 25 \mathrm{MPa}$，用炭黑补强后可达 $25 \sim 35 \mathrm{MPa}$。无论是生胶还是硫化胶，其拉伸强度都随温度上升而下降。适当的生胶强度对于橡胶加工成型是必要的。例如，轮胎成型中上胎面胶时，胎面胶毛坯必须受到较大的拉伸，若胎面胶生胶强度低就易变形，会使成型无法顺利进行。

天然橡胶为非极性大分子，具有优良的介电性能，同时也使它的耐油耐溶剂性差。因天然橡胶分子结构中含有不饱和双键，易进行氧化、加成等反应，所以耐老化性能不佳。天然橡胶是最好的通用橡胶，用途广泛，是制造轮胎等工农业橡胶制品的主要原料，也是制造电器用品等高级橡胶制品的重要原料。

2. 合成橡胶

合成橡胶可分为通用合成橡胶与特种合成橡胶两类，通用合成橡胶常见的有丁苯橡胶、顺丁橡胶、异戊橡胶等，特种合成橡胶常见的是丁基橡胶、丁腈橡胶、乙丙橡胶、硅橡胶等。

(1) 聚异戊二烯橡胶　聚异戊二烯橡胶简称异戊橡胶，因其化学组成是聚异戊二烯，分子结构与天然橡胶相同，所以也叫做合成天然橡胶。

异戊橡胶在结构上与天然橡胶不同的是顺式 1，4-结构含量高达 97%，且呈有规立构，而 3，4-结构含量仅比 1% 多一点。此外，异戊橡胶因是合成物质，所以凝胶含量低，非橡胶成分含量少，质量均匀。因此容易塑炼，不易焦烧。

异戊橡胶的物理力学性能与天然橡胶基本相同，但其耐屈挠龟裂性、生热性、吸水性及耐老化性能等均优于天然橡胶，而强度、硬度等却比天然橡胶略低。

(2) 丁苯橡胶　丁苯橡胶是丁二烯与苯乙烯的共聚物。是目前合成橡胶中产量和消耗量最大的通用合成橡胶，它可通过乳液聚合或溶液聚合方法制得，即乳聚丁苯橡胶和溶聚丁苯橡胶。

丁苯橡胶呈浅褐色，密度随高聚物中苯乙烯含量的增加而增大，约为 $0.92 \sim 0.95 \mathrm{g} \cdot \mathrm{cm}^{-3}$，其他物理性能也可通过苯乙烯单体的含量进行调节。丁苯橡胶含不饱和双键，容易硫化，且硫化曲线平坦，焦烧时间长，操作安全。丁苯橡胶耐磨性较天然橡胶好，但抗撕裂强度较低，耐屈挠龟裂性能也较差。虽然光对丁苯橡胶的老化作用不明显，但臭氧对丁苯橡胶的作用比天然橡胶显著，需加耐臭氧防老化剂和石蜡加以防护。

丁苯橡胶生产成本低廉及良好的综合性能，且能与天然橡胶并用，长期以来一直是主要的通用合成橡胶，主要用于充气轮胎，还可用于胶鞋、胶带、胶管、胶辊、胶布等普通工业用品。

（3）聚丁二烯橡胶　聚丁二烯橡胶是一种通用合成橡胶，其消耗量仅次于丁苯橡胶和天然橡胶，居第三位。

聚丁二烯橡胶是以丁二烯单体为主要原料，以苯或己烷等为溶剂，采用定向聚合催化剂由溶液聚合法制成的顺式 1，4-结构高达 96％～98％的聚合物，但也有部分采用乳液聚合法，则生成顺式 1，4-结构含量为 10％～20％无规聚合物。顺式 1，4-结构聚丁二烯橡胶简称为顺丁橡胶，它具有典型的橡胶特性。聚丁二烯橡胶回弹性非常高，动态生热小，耐磨耗性优异，不需塑炼，压出性能好，也适用于注射成型。但聚丁二烯橡胶强度低，特别是纯胶强度更低，必须加入补强剂。聚丁二烯橡胶常与丁苯橡胶或天然橡胶并用，以补偿其本身的不足。

（4）丁腈橡胶　丁腈橡胶是由丁二烯和丙烯腈经乳液聚合制得的无规共聚物，丁腈橡胶由于在分子中引入丙烯腈，所以具有优异的耐油性，随着丙烯腈含量的增加，强度、硬度、耐磨耗性、耐热老化性及耐化学药品性均提高，但回弹性及耐寒性等降低。丁腈橡胶主要用于制作油封、垫圈、耐油胶管、输送带等。

还有其他用量较多的合成橡胶，如氯丁橡胶、丁基橡胶、乙丙橡胶、硅橡胶等。

二、配合剂

为便于加工、改善产品的使用性能和降低制品成本，生胶中还要加入各种不同的辅助化学原料，这些原料就称为配合剂。配合剂的种类很多，所起的作用及对橡胶制品性能的影响也不相同。

1. 硫化剂

硫化剂是一类使橡胶由线型大分子转变为网状大分子的物质，这种转变过程称为硫化。橡胶用硫化剂常见的有硫黄、硫黄给予体、有机过氧化物、醌类、酯类化合物等。

硫黄是天然橡胶及二烯烃类通用合成橡胶的主要硫化剂。虽然近年来也出现了不少新型硫化剂，对提高橡胶制品的性能起了显著的作用，但它们的价格一般都比较贵，所以普通橡胶制品的硫化仍以硫黄为主，特种合成橡胶则采用硫黄以外的硫化剂。

（1）硫黄　硫黄是淡黄色或黄色固体物质，有结晶和无定形两种形态。硫黄在自由状态下存在属结晶形态，温度在 117℃以上属无定形硫黄。所以橡胶在硫化时硫黄是处于无定形状态的。橡胶工业用的硫黄种类有硫黄粉、不溶性硫黄、胶体硫黄、沉淀硫黄、表面处理硫黄等。

（2）硫黄给予体　硫黄给予体是指分子结构中含有硫原子的化合物。在橡胶硫化温度下，这些物质能分解出活性硫与橡胶分子发生反应。橡胶工业中用得较多的一类作为硫化剂的含硫化合物是秋兰姆类，如二硫化四甲基秋兰姆。它的有效硫含量为 13.3％，熔点 147～148℃，在 100℃分解，引起橡胶交联。

（3）非硫类硫化剂　有些新型合成橡胶难以用硫黄和含硫化合物进行硫化。非硫类硫化剂主要有有机过氧化物、金属氧化物、胺类化合物等。一般由非硫类硫化剂得到的硫化胶的性能，撕裂强度不如硫黄硫化胶，它多应用于非通用型橡胶上。

2. 硫化促进剂

硫化促进剂可加速橡胶的硫化过程，降低硫化温度，缩短硫化时间，并能改善硫化胶的物理力学性能。

对硫化促进剂的基本要求是有较高的活性，能缩短橡胶达到正硫化所需的时间，硫化平坦线长；使正硫化期有较长时间，不会很快过硫，避免硫化胶性能变坏；硫化的临界温度较高，可以防止胶料的焦烧；对橡胶老化性能及物理力学性能不产生不良作用。

目前使用的大都是有机促进剂，种类繁多。硫化促进剂中有的带苦味（如硫化促进剂 M），有的使制品变色（如硫化促进剂 D），有的有硫化作用（如硫化促进剂 TT），有的兼具防老作用或塑解作用（如硫化促进剂 M）等。根据作用的速度，可分为慢速、中速、中超速、超速、超超速等促进剂。此外，还有后效性促进剂等。主要是含氮和含硫的有机化合物，有醛胺类（如硫化促进剂 H）、胍类（如硫化促进剂 D）、秋兰姆类（如硫化促进剂 TMTD）、噻唑类（如硫化促进剂 M）、二硫代氨基甲酸盐类（如硫化促进剂 ZDMC）、黄原酸盐类（如硫化促进剂 ZBX）、硫脲类（如硫化促进剂 NA-22）、次磺酰胺类（如硫化促进剂 CZ）等。一般根据具体情况单独或混合使用。

3. 防老剂

在使用或储存过程中，由于热、氧、臭氧、阳光等作用而导致分子链降解、支化或进一步交联等化学变化，从而使材料原有的性质变坏，这种现象称为老化。凡能抑制橡胶老化现象的物质叫做防老剂。

防老剂一般可分为两类，即物理防老剂和化学防老剂。物理防老剂主要有石蜡、微晶蜡等物质。在常温下，这种物质在橡胶中的溶解度较少，因而逐渐迁移到橡胶制品表面，形成一层薄膜，起隔离臭氧、氧气，使之避免与橡胶接触的作用。化学防老剂的作用是终止橡胶的自动催化所生成的游离基断链反应。防老剂一方面要求防老效果好，另一方面也应尽量不干扰硫化体，不产生污染和无毒。

4. 防焦剂

橡胶加工过程中，要经过混炼、压延、压出、硫化等一系列工序，胶料或半成品要经受不同温度和时间的处理。在硫化以前的各个加工操作及储存过程中，由于机械作用产生的热量或者是高温条件，都有可能使胶料在成型之前产生早期硫化，导致塑性降低，从而使其后的操作难以进行，这种现象就称作焦烧或早期硫化。

防止橡胶早期硫化的添加剂，称为防焦剂。作为理想的防焦剂，应具有下列条件：能延长焦烧时间、不影响硫化速度、本身不具有交联作用、对硫化胶性能没有不利影响。

常见的有亚硝基化合物（如 N-亚硝基二苯胺等）、有机酸类（如苯甲酸、邻苯二甲酸酐等）和硫代亚酰胺类（如 N-环己基硫代邻苯二甲酰亚胺）等。常用的有草酸、琥珀酸、乳酸、邻苯二甲酸酐、水杨酸、苯甲酸、油酸等，其中以邻苯二甲酸酐、水杨酸使用较多。但这些物质影响成品和物理机械性能，不宜多用。近年出现的新型防焦剂 CTP（N-环己基硫代邻苯二甲酰胺）有优良的防焦效果，通过控制用量，可有效地控制焦烧时间。

5. 软化剂

在胶料中加入能降低橡胶分子间作用力，使胶料容易加工并改善胶料某些性能的有机物质称为软化剂，又因能增加胶料塑性也常称作增塑剂。软化剂的作用原理是由于作为软化剂的小分子加入橡胶中后，它们渗透、扩散到橡胶大分子中间，增加了分子链间的距离，减少了分子间的作用力，使分子链活动性增大，从而增加了胶料的塑性。而各种软化剂均应满足如下的基本要求：化学稳定性好、与橡胶相容性好、在使用温度范围内挥发性低、不易喷在半成品或成品的表面、不加速硫化胶的老化速度和不降低硫化胶的物性。软化剂主要有石油产品、煤焦油产品、植物油产品和合成产品。

6. 填充剂

填充剂按用途可分为补强填充剂和惰性填充剂。补强填充剂简称补强剂，它是能够提高硫化橡胶的强力、撕裂强度、定伸强度、耐磨性等物理力学性能的配合剂。最常用的补强剂是炭黑，其次是白炭黑、碳酸镁、活性碳酸钙、活性陶土、树脂、木质素等。

惰性填充剂又称增容剂，它对橡胶补强效果不大，仅仅是为了增加胶料的容积以节约生胶，从而降低成本或改善工艺性能（特别是压出、压延性能）的配合剂。增容剂有滑石粉、云母粉等。

三、橡胶制品的骨架、增强材料

骨架、增强材料主要用以增加橡胶制品的强度，并限制其变形，即降低延伸性，提高抗冲击性等。用于橡胶制品的骨架，作为增强材料主要有纤维与织物、金属材料等。纤维按来源可分为天然纤维、化学纤维、无机纤维，金属材料有钢丝、铁丝、铜丝等。

1. 天然纤维

（1）棉纤维　在棉纤维中，主要是使用纤维长度为 25～50mm 的优质长绒棉。棉纤维的基本性能是湿强力较高、延伸率较低、与橡胶黏着性能好；但耐高温性能不佳、强度较低、纤维较粗。因此，在要求强度高的橡胶夹布制品中，就不得不增加线的根数或布的层数，但会致使制品重量和厚度增加，从而造成耐热和疲劳性能下降。所以，对大多数制品来说，棉纤维作为骨架材料已不能满足现代橡胶工业的要求。

（2）麻纤维　麻纤维中以使用苎麻和亚麻为主。前者主要用于胶管等制品，后者多用于胶带等制品。

（3）毛纤维　用于橡胶制品的毛纤维，主要指羊毛纤维。它弹性好、吸湿率高、耐酸性好，但强度低、耐热和耐碱性较差。毛纤维主要用于地毯、印刷胶版及某些鞋类。

2. 化学纤维

（1）黏胶纤维　黏胶纤维它是以短棉绒或木浆为原料制得的纤维素纤维。黏胶纤维干强度较高，湿态强度下降 40%～50%（高强力黏胶纤维下降约 20%～30%）；耐热性较好，在 100～120℃下，强度不仅不下降，而且还因高温使纤维含水率降低使强度有所增加；弹性回复率不太高，耐磨性较差。黏胶纤维有普通型和强力型。黏胶纤维主要用于汽车轮胎，力车胎的帘布层（包括缓冲层帘布）。

（2）锦纶　橡胶工业中主要使用锦纶 6 和锦纶 66 两种。锦纶强度高，与黏胶纤维相比，其单位质量强度约高 1.5～1.8 倍，弹性好，抗冲击性强，耐磨性佳，但耐热性不够好。

锦纶帘布是重要的轮胎用帘布，尤其是载重轮胎、工程机械轮胎、飞机轮胎及苛刻条件下的其他轮胎。锦纶帆布也广泛用于胶管的增强材料。

（3）涤纶 主要指聚对苯二甲酸乙二酯纤维，它强度较高，且湿强度也几乎不降低，回弹性接近羊毛，尺寸稳定性好，耐热性也较高，耐酸碱性也较好。

与锦纶帘布相比涤纶帘布热稳定性好、断裂伸长率小、湿强度高，所以以涤纶帘布为骨架材料的轮胎尺寸稳定，但耐疲劳性及强度不如锦纶帘布，成本也较高，故经常用在潮湿条件下使用的轮胎和乘用车轮胎。涤纶帆布和线绳在胶管、带制品中的应用也日益发展，特别适用于传动带、消防胶管等。

（4）维纶 是指聚乙烯醇缩甲醛纤维。维纶帘布的使用性能优于棉和黏胶帘布，可用于力车胎骨架材料，它的综合性能较好，也适用于胶带和胶管等橡胶制品的骨架材料。

（5）丙纶 是指聚丙烯纤维，强度介于锦纶与涤纶之间，熔点较低，耐高温及耐寒性均较差。丙纶帆布密度小，耐湿性和耐化学试剂性较好，在橡胶管、带制品中也有应用。

（6）高性能纤维 高性能纤维以芳纶（芳纶 1414）为代表的高性能纤维，因其强力远远高于常规纤维以及优异的耐高温高热性能，是理想的橡胶制品增强材料，但因其价格昂贵，仅在一些高速、高热、高压环境才使用，如作为赛车轮胎的骨架材料、优质胶管的增强材料等。

3. 金属材料

用于橡胶制品骨架材料的金属材料主要是钢丝，还有铁丝、铜丝等。钢丝除用作轮胎帘布外，还用于钢丝圈及胎圈包布。钢丝帘线轮胎具有高速长距离行驶、载荷高、耐磨耗、节约燃料等特点。钢丝绳用于运输带骨架材料性能优良，断裂伸长率极低，耐热性好，抗冲击。钢丝应用于传送带运转效率高、噪声小，运行安全。钢丝也用高压胶管的骨架材料。

4. 其他材料

一些无机纤维材料，如玻璃纤维也被用作橡胶制品的增强材料；有些制品则要求骨架纤维材料导电，所以导电的金属纤维或合成纤维则被选为骨架材料。还有因特殊性能要求而加入的一些材料。

【任务实施】

图 8-1 为任务实施流程。

【归纳总结】

1. 掌握生胶的性能和用途。

2. 掌握配合剂的适用情况。

3. 掌握骨架材料的使用情况。

【综合评价】

对于任务一的评价见表 8-1。

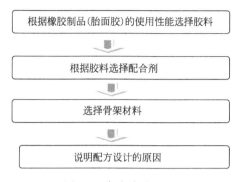

图 8-1　任务实施流程

表 8-1　胎面胶配方设计项目评价表

评 价 项 目	评 价 要 点
配方合理	生胶选择合理
	配合剂合理
	骨架材料合理
	配方设计原因正确

【任务拓展】

胶管用胶料配方设计。

任务二　橡胶的塑炼和混炼

生胶及各类添加剂在成型加工为所需要的各种橡胶制品之前，必须先进行炼胶，主要是生胶的塑炼和塑炼胶与各种配合剂的混炼。

【生产任务】

熟悉开炼机或密炼机，设置开炼机或密炼机的工艺参数，正确进行塑炼、混炼操作，注意配合剂加入顺序。

产品质量要求：塑炼后胶料可塑性均匀一致，混炼使配合剂均匀分散在胶料中。

【任务分析】

生胶的塑炼是使用开炼机或密炼机，使生胶通过机械作用由高弹态转为可塑状态，满足加工要求，混炼时将配合剂按一定的顺序加入塑炼胶中混合均匀，混炼胶用于橡胶制品成型。

【相关知识】

一、生胶的塑炼

1. 塑炼原理

由于橡胶具有高弹性，这种性能使加工成型难以进行，为此，需把生胶经过机械加工，热、氧作用或加入某些化学药剂，使生胶的相对分子质量降低，由高弹性状态转为可塑性状态，这一工艺过程称为塑炼。

生胶塑炼的目的在于取得可塑性，以满足各个加工过程的要求。但是橡胶的可塑性不宜太大，如果太大则因相对分子质量太低而使橡胶制品的力学强度降低，永久变形增大，耐老化性、耐磨性和弹性降低，因此要防止生胶塑炼过度，要在满足工艺性能要求下，具有最适当的可塑性。

塑炼时生胶大分子链断裂，相对分子质量降低。生胶的相对分子质量与可塑性密切相关，相对分子质量越小，可塑性越大。当高聚物大分子链受到的机械力大于化学键合的断裂能时，该化学键合将被破坏，大分子链断裂。而另一方面，由机械力产生的链断裂反应，如果没有自由基接受体，断裂所产生的大分子自由基会再结合，或发生歧化反应，还可以生成支链和三维空间结构，这样机械破坏的效果不大。因此，要有自由基接受体存在，与断裂所产生的大分子自由基结合生成稳定产物，阻止大分子自由基的再结合，这样原来相对分子质量较大的产物才会发生显著的降解。橡胶塑炼在空气中进行，氧可视为自由基接受体，而生成氧化物自由基，随后再发生链转移而得到稳定的过氧化物，使橡胶大分子降解。

塑炼时，机械作用使橡胶分子链断裂并不是杂乱无章的，而是遵循着一定的规律。一般认为高聚物分子受剪切力作用时，将依剪切变形方向旋转，且沿此方向伸展。而在高速剪切变形时，分子旋转迅速而来不及伸展，因而达不到断裂所需要的极限长度，但由于链段的解缠作用，使分子链中段张力较为集中，致使中部附近断裂的可能性大大增加。高聚物大分子链的机械降解速率与相对分子质量的大小有明显的关系，相对分子质量大则降解速率大，相对分子质量小则降解速率大大减小。天然橡胶相对分子质量分布宽，塑炼时相对分子质量大的先行断裂，使相对分子质量分布高峰向相对分子质量小的方向移动，如图 8-2 所示。

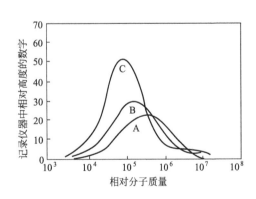

图 8-2 天然橡胶相对分子质量分布与
开炼机塑炼时间的关系
A—塑炼 8min；B—塑炼 21min；C—塑炼 38min

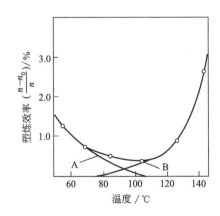

图 8-3 天然橡胶塑炼温度对
塑炼效果的影响（塑炼 30min）
n_0—起始橡胶分子数；n—塑炼后橡胶分子数

塑炼后，相对分子质量分布变窄，但对原来相对分子质量分布较窄、分子量分散系数小于 1.1 的物质（如聚苯乙烯）来说，塑炼后相对分子质量分布峰向相对分子质量小的方向扩展，但分子量分散系数接近 2 的聚合物（如聚异丁烯）塑炼后，虽然相对分子质量的平均值明显地减少，但分布几乎不变。

温度对塑炼有很大影响。因为温度决定高聚物所处的物理状态是高弹态还是黏流态，在氧和空气存在时，温度又决定分子链的断裂机理属于哪一种，是氧化降解还是单纯的机械破坏。处于玻璃态的高聚物，温度的影响相当微弱，而处于高弹态，在热分解之前或在氧参与破坏之前，机械破坏作用随温度的上升而减少。若高聚物处于黏流态，不论是固定剪切速率还是固定剪切应力，都会由于温度的升高而使聚合物黏度下降，机械降解效应明显地下降。

图 8-3 表示天然橡胶在不同温度下塑炼的效果。图中曲线 A 表示机械降解作用而引起的分子断链，曲线 B 表示氧化而引起的断裂。温度上升，橡胶的黏度下降，胶料变软，橡胶大分子易产生滑移，使机械破坏作用减小，塑炼效果下降；但在更高的温度下，由于氧化断链效果突出，将使分子链的断裂加剧。由于存在着上述两种破坏过程，温度与塑炼效果的关系便出现了一个极小值。对于天然橡胶来说，这个极小值出现在 115℃ 左右。如果橡胶在隔绝氧气的情况下塑炼时，只有机械降解作用而无氧化降解作用，此时，塑炼温度上升，塑炼效果下降，没有上述极小值出现。这两种破坏机理就是常说的低温塑炼机理和高温塑炼机理。

在生胶机械塑炼过程中，加入某些低分子化学物质可通过化学作用增加机械塑炼效果，这些物质称为化学塑解剂。即使在惰性气体中塑炼，它们也可显著提高塑炼效果。

目前国内外化学塑解剂的品种已有几十种。使用最广泛的是硫酚及其锌盐类和有机二硫化物类。由于化学塑解剂以化学作用增塑，所以用于高温塑炼时最合理。低温塑炼用化学塑解剂增塑时，则应适当提高塑炼温度，才能充分发挥其增塑效果。

2. 橡胶的塑炼工艺

（1）塑炼前的准备　主要包括选胶、烘胶、切胶等操作。

① 选胶　生胶加工前要进行外观检查，进行挑选和分级处理。

② 烘胶　生胶低温下长期储存后会硬化和结晶，难以切割和进一步加工。需要预先进行加温软化并解除结晶，这就是烘胶。对于天然生胶的烟片胶和绉片胶，需要在专门的烘胶房中进行。烘房中的胶包按顺序堆放，不与加热装置接触。烘房温度一般为 50～70℃，不宜过高。一般情况下烘胶时间在夏秋季 24～36h，冬春季 36～72h。氯丁橡胶对热敏感，烘胶温度一般在 24～40℃，时间为 4～6h。

③ 切胶　生胶加温后需按工艺要求切成小块，对塑炼加工要求天然生胶每块 10～20kg，氯丁橡胶不超过 10kg，以便于后续加工操作。

（2）开炼机塑炼　开炼机的炼胶作用如图 8-4 所示。

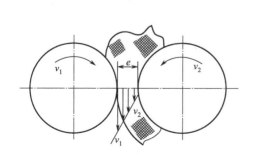

图 8-4　开炼机炼胶作用示意图

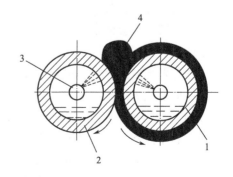

图 8-5　开炼机的工作示意图
1—前辊；2—后辊；3—冷却水管；4—胶料

开炼机的基本工作部分是两个水平放置的不等速（速比）相对回转的中空辊筒。胶料放到两辊筒之间的上方，在辊筒摩擦力作用下被带入辊距中，受到摩擦、剪切与混合作用。胶料离开辊距后包于辊筒上，并随辊筒转动重新返回到辊筒上方，这样反复通过辊距受到捏炼，达到塑炼和混炼的目的，如图 8-5 所示。

开炼机的炼胶作用发生在辊距中，随着辊筒转速增大，辊距减小，辊筒速比增大，对胶料的捏炼混合作用增大。

开炼机塑炼的操作方法主要有以下几点

① 包辊塑炼法　胶料通过辊距后包于前辊表面，随辊筒转动重新回到辊筒上方并再次进入辊距，这样反复通过辊距，受到捏炼，直至达到可塑度要求为止。然后出片、冷却、停放。这种一次完成的塑炼方法又叫一段塑炼法。此法塑炼周期较长，生产效率低，所能达到的可塑度较低。

对于对塑炼程度要求较高的胶料，需采用分段塑炼法。即先将胶料包辊塑炼 10～15min，然后出片、冷却，停放 4～8h 以上，再一次回到炼胶机进行第二次包辊塑炼。这样反复数次，直至达到可塑度要求为止，这叫分段塑炼法。其特点是两次塑炼之间胶料必须经过出片、冷却和停放。分段塑炼法胶料停放占地面积较大，但机械塑炼效果较好，能达到任意的可塑度要求。

② 薄通塑炼法　薄通塑炼法的辊距在 1mm 以下，胶料通过辊距后不包辊，而直接落盘，等胶料全部通过辊距后，将其扭转 90°角推到辊筒上方再次通过辊距，这样反复受到捏炼，直至达到要求的可塑度为止。然后将辊距调至 12～13mm 让胶料包辊，左右切割、翻炼 3 次以上再出片、冷却和停放。

薄通塑炼法塑炼效果好，塑炼胶可塑度均匀，质量高，是开炼机塑炼中应用最广泛的塑炼方法，适用于各种生胶，尤其是合成橡胶的塑炼。

③ 化学增塑塑炼法　开炼机塑炼时，添加化学塑解剂可增加机械塑炼效果，提高生产效率，并改善塑炼胶质量、降低能耗。适用的塑解剂类型为自由基受体及混合型塑解剂。用量一般在生胶质量的 0.1%～0.3% 范围内。塑解剂应以母胶形式使用，并应适当提高塑炼的温度。

影响开炼机塑炼的因素如下。

① 容量　容量是每次炼胶的胶料体积。容量大小取决于生胶品种和设备规格。为提高产量，可适当增加容量。但若过大会使辊筒上的堆积胶过多，难以进入辊距使胶料受不到捏炼，且胶料散热困难，温度升高又会降低塑炼效果。生热量大的橡胶，应适当减少容量，一般要比天然胶少 20%～25%。

② 辊距　减少辊距会增大机械剪切作用。胶片厚度减薄有利于冷却和提高机械塑炼效果。对于天然胶塑炼，辊距从 4mm 减至 0.5mm 时，在相同过辊次数情况下，胶料的门尼黏度迅速降低，如图 8-6 所示。可见采用薄通塑炼法是最合理有效的。例如通常

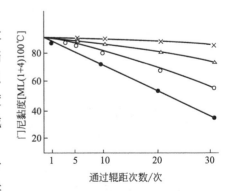

图 8-6　辊距对天然橡胶生胶塑炼效果的影响

● 辊矩为 0.5mm；○辊矩为 1mm；
△辊矩为 2mm；×辊矩为 4mm

难以塑炼的丁腈橡胶只有采用薄通法才能有效地进行塑炼。

③ 辊速和速比　提高辊筒的转速和速比都会提高机械塑炼效果。开炼机塑炼时的速比较大，一般在1.15～1.27范围内。但辊速和速比的增大、辊距的减小都会加大胶料的生热升温速度，为保证机械塑炼效果，必须同时加强冷却措施。

④ 辊温　辊温低，胶料黏度高，机械塑炼效果增大，如图8-7所示。辊温过低会使设备超负荷而受到损害，并增加操作危险性。不同的胶种，其塑炼温度要求也不一样。几种常用生胶塑炼的一般温度范围见表8-2。

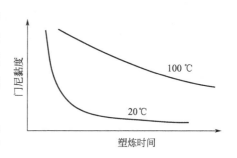

图 8-7　辊温对塑炼胶门尼黏度的影响

表 8-2　常用的几种生胶的塑炼温度范围

生 胶 种 类	辊温范围/℃	生 胶 种 类	辊温范围/℃
天然橡胶(NR)	45～55	丁腈橡胶(NBR)	≤40
聚异戊二烯橡胶(IR)	50～60	氯丁橡胶(CR)	40～50
丁苯橡胶(SBR)	45		

⑤ 塑炼时间　塑炼时间对开炼机塑炼效果的影响如图8-8所示。可看出在塑炼开始的10～15min内，胶料的门尼黏度迅速降低，之后趋于缓慢。这是由于胶料生热升温，使黏度降低，即塑炼效果下降。故要获得较高的可塑度，最好分段进行塑炼。每次塑炼的时间在15～20min以内，不仅塑炼效率高，最终获得的可塑度也大。

⑥ 化学塑解剂　开炼机塑炼采用化学塑解剂增塑时，若可塑度在0.5以内，胶料的可塑度随塑炼时间增加呈线性增大，如图8-9所示，故不需要分段塑炼。

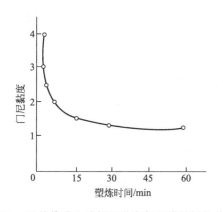

图 8-8　天然橡胶生胶门尼黏度与塑炼时间的关系

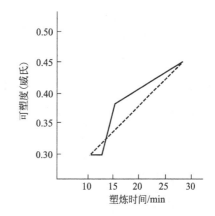

图 8-9　促进剂 M 增塑塑炼时可塑度与塑炼时间的关系

（3）密炼机塑炼　密炼机的基本构造如情境二图2-17所示。工作部分为密炼室，由机体的腔壁，两个转子和上下顶栓组成。下顶栓在密炼室下方，炼胶时将密炼室的下面关闭，排胶时下顶栓才启开。室内的两个转子以不同速度相对回转；转子是空心的，可以通蒸汽或冷却水调节温度；转子表面有特殊的突棱以增加对橡胶的充分捏炼，其断面呈椭圆形。转子的转速比开炼机辊筒转速高，在转子每一个断面，其表面各点与转子轴心距离不等，产生不同的线速度，转子之间速比按两转子表面到中心线的线速度之比计算，在1:0.91~1:1.47范围；两转子表面间缝隙在4~166mm间变化，转子棱峰与室壁间隙在2~83mm变化，使物料无法随转子表面等速旋转，而是随时变换速度和方向，从间隙小的地方向间隙大的地方湍流；在转子凸棱作用下，物料同时沿转子螺槽作轴向运动，从转子两端向中间捣翻，受到充分混合。在凸棱峰顶与室壁间隙处剪切作用最大，如图8-10所示。

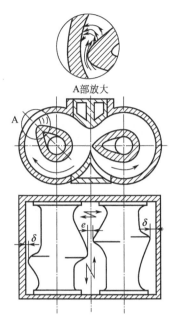

图 8-10　密炼机工作原理

开炼机对胶料的作用只发生在辊筒之间，而密炼机不但在转子之间，而且在转子与密炼室之间、转子与上、下顶栓之间均发生作用。因此，用密炼机塑炼不但生产能力大，而且产品质量高、劳动环境好。但清理较难，仅适用于胶种变化少的场合。

采用密炼机塑炼时产生热量极大，物料依靠高温下大分子链的强烈氧化断链获得可塑性，属于高温塑炼。

密炼机塑炼效果取决于温度、转速、时间、压力、容量等因素。

① 温度　温度是密炼机塑炼的主要因素。密炼机的塑炼效果随温度的升高而增大，但温度过高也会导致橡胶的物理力学性能下降，温度以控制在140~160℃为宜。

② 转速　在一定范围内或一定的时间内，胶料的可塑度随转子转速的增加而增加。可根据转速的快慢确定不同的塑炼时间。

③ 时间　密炼机内胶料的可塑度随塑炼时间的延长而增大。因此，制定塑炼条件的主要任务之一就是根据实际需要确定适当的塑炼时间。在不影响硫化速度和物理性能的条件下，使用少量化学增塑剂可缩短塑炼时间。

④ 压力　上顶栓压力的大小对炼胶质量影响很大。若压力不足，上顶栓受胶料推动产生上下浮动，不稳定，若压力过大，上顶栓对胶料的阻力增大，电能消耗增大，塑炼效果也不好，所以增大上顶栓压力要适当，一般上顶栓压力在0.5~0.7MPa。

⑤ 容量　容量过小，生胶会在密炼室内打滚，得不到充分捏炼；容量过大，设备超负荷运转，损伤机器。根据实际情况确定适当容量。

二、橡胶的混炼工艺

1. 混炼原理

为了提高橡胶制品使用性能，改进橡胶加工性能和降低成本，要在生胶中加入各种配合剂。要使各种配合剂完全均匀地分散于生胶中很难，必须借助于强烈的机械作用迫使配合剂分散。将各种配合剂混入生胶中，制成质量均匀的混炼胶的工艺过程称为混炼。

混炼是橡胶加工过程中最易影响质量的工序之一。混炼不良，胶料会出现配合剂分散不均、胶料可塑度过低或过高、焦烧、喷霜等现象，使后续工序难以正常进行，并导致成品性能下降。

混炼过程实际上是各类配合剂在生胶中分散的过程。这一过程依赖生胶与配合剂之间的润湿能力和外加的机械作用。前者由配合剂的表面张力、极性、粒子形状、大小等因素决定，后者则是混炼工艺过程提供的。在粒状配合剂与生胶的混炼过程中，以炭黑为例，经过了炭黑粒子被生胶润湿、混合、分散等过程。混炼初期生胶润湿炭黑，渗入炭黑聚集体的空隙中，形成炭黑浓度很高的炭黑生胶团块，分布在不含炭黑的生胶介质中。当炭黑所有空隙都充满生胶时，可看作炭黑已被混合、但尚未分散，依靠随后的机械作用使这些炭黑生胶团块在很大的剪切力下被搓开，逐渐变小，直到充分分散。

混炼时，胶料中所使用的生胶及配合剂都应达到所要求的技术指标。例如，塑炼胶需具有均匀一定的可塑度，固体及粉状配合剂必须具有一定细度、均匀程度及纯度等。如有需要则先进行预处理，例如固体配合剂的粉碎、干燥和筛选等。为了使配合剂易于分散于胶料中，防止结团，减少粉状配合剂在混炼过程中飞扬，常在混炼前将某些配合剂以较大剂量预先与生胶进行简单的混合，制成母炼胶，然后再进行混炼。

2. 混炼工艺

（1）开炼机混炼　开炼机混炼是橡胶工业中最古老的混炼方法，具有生产效率低，劳动强度大，劳动环境较差等缺点，但开炼机混炼灵活性大，适应于规模小、批量小以及品种变换频繁的生产情况。

开炼机混炼可分为包辊、吃粉和翻炼三个阶段。先将生胶、塑炼胶、并用胶等投入开炼机的辊隙中，辊距控制在 3～4mm，经辊压 3～4min 后，一般便能均匀连续地包于前辊，形成光滑无隙的包辊胶，如图 8-11 所示。然后，将胶全部取下，辊距调宽至 10～11mm，再把胶投入轧炼 1min 左右。根据包辊胶的多少割下部分

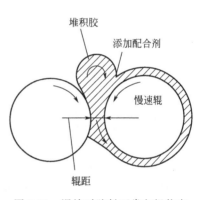

图 8-11　混炼时胶料正常包辊状态

余胶，使包辊胶的上端保持一定的堆积胶，然后按顺序添加各种配合剂。开炼机混炼时，两辊筒间的堆积胶对混炼过程的进行起着重要的作用，而单靠辊筒间产生的剪切力对胶料的摩擦挤压作用，不会使配合剂混入整个胶层。吃粉时，当胶料进入堆积胶的上层时，由于受到阻力而拥挤，形成波纹及折叠现象。配合剂便进入波纹部分被卷入辊距并被混入橡胶中，但粉料（配合剂）不能达到包辊胶的全部纵深，因此混炼时要进行割刀操作，将辊筒表面因剪切作用小产生的呆滞胶层割下，使胶片折叠翻转，改变胶料受力方向，最终达到均匀混合的目的。

用开炼机混炼应注意以下工艺因素。

① 辊筒的转速和速比　转速一般控制在 16～18r·min^{-1}，太小，混炼效果不好；太大，操作不安全。速比一般控制在 1∶1.1～1∶1.2 之间，速比过小，不利于配合剂的分散；速比过大，摩擦生热加大，易焦烧。

② 混炼温度　提高混炼温度有利于胶料的塑性流动及其对配合剂表面的湿润，加速吃粉过程，但温度过高胶料容易发生脱辊和焦烧现象。例如顺丁橡胶混炼时辊温不宜超过 50℃，有些合成橡胶还更低些，在 40℃左右。

③ 混炼时间　混炼时间依辊筒转速、容量及配方而定。在保证混炼均匀的前提下，可

适当缩短混炼时间，以提高生产效率。天然橡胶混炼时间一般在 20～30min 之间，合成橡胶混炼时间稍长。

④ 加料顺序　加料顺序是开炼机混炼的重要因素。加料顺序不当会导致配合剂分散不均匀、脱辊、过炼、焦烧等不良后果。加料顺序应根据配合剂的特性及用量多少来考虑。一般配合剂量少，难分散的宜先加，固体配合剂先加，硫黄和促进剂分开加。用开炼机混炼，常用的加料顺序为：生胶（塑炼胶、并用胶等）→固体软化剂→促进剂、活性剂、防老剂→补强填充剂→液体软化剂→硫黄→促进剂。

（2）密炼机混炼　采用密炼机混炼时，先是提起上顶栓，从装料口加入胶料与配合剂，经上顶栓加压，压入密炼室中，胶料被带入转子突棱和室壁间的间隙中，由于两转子速度差所产生的剪切力将帮助配合剂混入橡胶中，而且转子突棱上各点至轴心的距离不等造成的不等线速度和剪切力又使配合剂与胶料进一步混合。此外，由于转子突棱呈不同角度的螺纹状，故胶料不仅随转子做圆周运动，而且还有轴向运动，使胶料得以从转子两端向转子中部翻滚，代替了开炼机的人工翻胶，最终使配合剂与生胶得到充分的混合。

密炼机混炼的操作方法可分为一段混炼法和分段混炼法。

① 一段混炼法　一段混炼法是指混炼操作在密炼机中一次完成，胶料无需中间压片和停放。其优点是胶料管理方便，节省停放面积，但混炼胶的可塑度较低，混炼周期较长，容易出现焦烧现象，填料不易分散均匀。一段混炼法又分为传统法和分段投胶法两种混炼方式。

传统一段混炼法是按照通常的加料顺序采用分批逐步加料，每次加料后要放下上顶栓加压或浮动混炼一定时间，然后再提起上顶栓投加下一批物料。

通常的加料顺序为：生胶、塑炼胶、并用生胶和再生胶→固体软化剂（硬脂酸）→防老剂、促进剂、氧化锌→补强填充剂→液体软化剂→硫黄（或排料至开炼机加硫）。

为控制混炼温度不至过分升高，一段混炼通常采用慢速密炼，其炼胶周期约需 10～12min，高填充配方需要 14～16min。慢速密炼一段混炼排胶温度控制在 130℃ 以下，通常排料至开炼机压片加硫黄。

分段投胶一段混炼法又称母胶法，在混炼开始时，先向密炼机中投入 60%～80% 的生胶和所有配合剂（硫黄除外），在 70～120℃ 下混炼至总混炼时间的 70%～80%，制成母胶，然后再投入其余生胶和硫化剂，混炼约 1～2min 排料，然后压片、冷却、停放，混炼操作结束。第二次投入的生胶温度低，可使机内胶料温度暂时降低 15～20℃，可提高填料分散混合效果，避免发生焦烧，能在混入热胶料的同时使部分炭黑从母胶中迁移至后加入的生胶中，使密炼室装填系数提高，从而提高混炼生产效率和硫化胶性能。

② 分段混炼法　分段混炼法是将胶料的混炼过程分为几个阶段完成，在两个操作阶段之间胶料要经过出片、冷却和停放；主要是两段混炼法，也有三段和四段混炼。

两段混炼法是第一段混炼采用快速密炼机（40r·min^{-1}，60r·min^{-1} 或更高），将生胶与炭黑、其他配合剂混合制成母胶，故又称为母炼。经出片、冷却和停放一定时间之后，再投入中速或慢速密炼机进行第二段混炼，此时加入硫黄和促进剂，并排料至开炼机补充混炼和出片，最后完成配方全部组分的混炼，故又称第二段混炼为终炼。

还有一种方法是分段投胶两段混炼法，母炼时，在总混炼时间的 70%～80% 内，将

80％左右的生胶和全部配合剂按常规方法混炼制成高炭黑含量的母炼胶，经出片、冷却和停放后，再投入密炼机进行第二段混炼，在 60～120℃ 下将其余 20％ 左右的生胶加入母胶中混炼，使高浓度炭黑母胶迅速稀释、分散 1～2min，混炼均匀后排料。

对于一些胶料品种繁多，存在在胶料中混合分散困难的配方，工艺上还可采用三段或四段混炼法。

密炼机混炼的主要工艺条件和影响因素如下。

① 混炼容量　混炼容量就是每一次混炼时的胶料容积。容量过小会降低机械的剪切和捏炼效果，甚至会出现胶料在密炼室内滑动和转子空转现象，导致混炼效果不佳；容量过大胶料没有充分的翻动回转空间，会破坏转子凸棱后面胶料形成湍流的条件，并会使上顶栓位置不当，造成部分胶料在加料口颈部发生滞留，导致混炼均匀度下降，且易使设备超负荷。适宜的容量通常取密炼室有效容积的 75％ 左右，装填系数 0.7～0.8。

② 加料顺序　混炼时，各种组分的加料顺序不仅影响混炼质量，而且关系到混炼操作是否顺利。通常是先将作为混炼胶母体的各种生胶混炼均匀，表面活性剂、固体软化剂和小料（防老剂、活性剂、促进剂）在填料之前投加，液体软化剂则放在填料之后投加，硫黄和促进剂最后投加。对温度敏感性大的应降温后投加。其中生胶、炭黑、液体软化剂三者的投加顺序和时间特别重要。一般是先加生胶再加炭黑，混炼至炭黑基本分散以后，再投加液体软化剂，这样有利于配合剂分散，液体软化剂加入时间过早会降低胶料黏度和机械剪切效果，使配合剂分散不均匀；但加入过晚，如等炭黑完全分散以后再加，液体软化剂会附于金属表面，使物料滑动，降低机械剪切效果。

③ 上顶栓压力　上顶栓的作用主要是将胶料限制在密炼室内的主要工作区，并对其造成局部的压力作用，防止在金属表面滑动而降低混炼效果，防止胶料进入加料口颈部而发生滞留，造成混炼不均匀；混炼结束时，上顶栓基本保持在底线处，只有当转子推移的大块胶料从上顶栓下面通过时才偶尔抬起，瞬时显示出压力的作用，这时上顶栓只起到捣捶的作用。当转速和容量提高时，上顶栓压力应随之提高，混炼过程中胶料的生热升温速度也会加快。对钢丝帘布胶等硬胶料混炼，上顶栓压力不要低于 0.55MPa。混炼过程中若上顶栓没有明显的上下浮动，这可能是上顶栓压力过大或是胶料容量过小；如果上顶栓上下浮动的距离过大，浮动次数过于频繁，这说明上顶栓压力不足。正常情况下，上顶栓应该能够上下浮动，浮动距离约 50mm。一般情况下，低速密炼机压力在 0.5～0.6MPa，中、高速密炼机可达 0.6～0.8MPa，最高达到 1MPa。

④ 混炼温度　密炼机混炼时的胶料的温度难以准确测定，故用排胶温度表征混炼温度。密炼机因机械摩擦剪切作用剧烈，生热升温速度快，密炼室密闭散热条件差，胶料的导热性不好，故胶料温度比开炼机混炼时高得多。

混炼温度高有利于生胶的塑性流动和吃粉，但不利于配合剂的剪切、破碎与分散混合。温度过高还易使胶料产生焦烧和过炼现象，降低混炼胶质量，故密炼机混炼过程中必须严格控制排胶温度在限定值以下。但温度过低又不利于混合、吃粉，还会出现胶料压散现象，使混炼操作困难。密炼机一段混炼法和分段混炼法的终炼排胶温度范围在 100～130℃，投加不溶性硫黄时的排胶温度控制在 90～95℃，分段混炼的第一段混炼排胶温度在 145～155℃，随着密炼机转速、容量和上顶栓压力的加大，必须进行有效冷却，才能严格控制排料温度。

⑤ 转速　提高转子速度是强化密炼机混炼过程的最有效的措施之一。转速增加一倍，混炼周期缩短30%～50%，对于制造软质胶料效果更显著。转速高，胶料的生热大升温较快，会降低胶料黏度和机械剪切效果，为适应工艺的要求，可选用双速、多速或变速密炼机混炼，以便根据胶料配方特性和混炼工艺的要求随时变换速度，适当平衡混炼速度和分散效果。

⑥ 混炼时间　密炼机对胶料的机械剪切和搅拌作用比开炼机剧烈得多，同样条件下完成混炼过程所需的时间短得多，并且随密炼机转速和上顶栓压力增大而缩短。对一定的配方的胶料，混炼方法、工艺条件和质量要求一定时，所需的混炼时间也基本一定。混炼时间过短，配合剂分散不均匀，胶料可塑度不均匀；但混炼时间过长，可能会产生过炼现象，且会降低混炼胶质量。在保证胶料质量的前提下，适当缩短混炼时间，有利于提高生产效率和节约能源。

三、混炼胶的质量检测

混炼胶胶料质量对其后续加工性能及半成品质量和硫化胶性能具有决定性影响。评价胶料质量的主要性能指标是胶料的可塑度（门尼黏度）、密度、硬度、配合剂的混合分散均匀程度以及硫化胶的物理力学性能等。测试方法在高分子材料测试技术这门课程中学习，本书不作讲解。

【任务实施】

图8-12为任务实施流程。

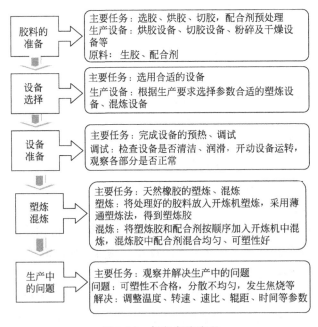

图8-12　任务实施流程

【归纳总结】

1. 熟悉生产设备，设备需要预先调试。

2. 正确进行塑炼和混炼操作，注意加料顺序及加料时机。

3. 生产时，注意观察，发现问题及时调整。

4. 注意安全，不能违章操作。

【综合评价】

对于任务二的评价见表 8-3。

表 8-3　天然橡胶的塑炼、混炼项目评价表

序　号	评 价 项 目	评 价 要 点
1	产品质量	可塑性符合要求
		配合剂分散均匀
		无焦烧等情况发生
2	原料配比	混炼时,生胶和配合剂的配比
3	生产过程控制能力	温度的控制
		辊距的控制
		辊速、速比的控制
		时间的控制
4	事故分析和处理能力	是否出现生产事故
		生产事故处理方法

【任务拓展】

顺丁橡胶的塑炼与混炼。

任务三　橡胶的压延成型

压延成型是利用压延机辊筒之间的挤压力作用，使胶料发生塑性流动变形，最终制成具有一定断面尺寸规格和规定断面几何形状的胶片，或者胶料覆盖于纺织物表面制成具有一定断面厚度的胶布的工艺加工过程。

【生产任务】

熟悉压延机，选择适合的压延机及辅助装置，设置压延机的工艺参数，正确进行压延操作，压延产品质量符合要求。

产品质量要求：胶片内部密实，无气泡，表面光滑、无褶皱。

【任务分析】

压延是橡胶主要成型工艺，将混炼胶用热炼机热炼后，加入四辊压延机中进行压片操作，调整辊温、辊速、速比、辊距，得到密实、表面光滑、无气泡的压片制品。

【相关知识】

压延过程一般包括混炼胶的预热、供胶、压延以及压延半成品的冷却、卷取、截断、放置等。也可分为压延前的准备及压延两个过程。压延前的准备包括胶料热炼、供胶、纺织物干燥及浸胶和热伸张处理。胶片的压延包括压片、贴合、压型；胶布的压延有贴胶和擦胶。

一、压延前的准备

1. 胶料的热炼和供胶

（1）胶料的热炼　　在进行压延之前，必须先对胶料热炼。因为经过冷却放置的混炼胶，流动性差，放到压延机上不易顺利通过辊筒间隙，形成光滑、无泡、无瑕疵的胶片或覆盖层。因此需要预先提高胶料温度和热可塑性，恢复胶料热塑性流动性，并使胶料进一步均化。

热炼在热炼机上进行，热炼机结构和开炼机类似，热炼方法有一次热炼法和两次热炼法。一次热炼法是把胶料在热炼机上一次完成，热炼温度为 $60\sim70℃$，辊距为 $5\sim6mm$，时间 $6\sim10min$。两次热炼法，第一次是粗炼，在热炼机上进行小辊距在 $1\sim2mm$，温度在 $45℃$ 左右的低温薄通，薄通 $7\sim8$ 次。第二次是细炼，把粗炼好的胶料送到另一台热炼机上，以较大的辊距、速比和较高的辊温使胶料达到加热软化的目的。辊温低于压延机最高辊温 $5\sim15℃$，辊距 $7\sim10mm$，薄通 $6\sim7$ 次，使胶料表面光滑无气泡，供压延使用。

（2）供胶　　有连续和间断两种供胶方法。间断供胶是根据压延机的大小和操作方式把热炼的胶料打成一定大小的胶卷或制成胶条，再往压延机上供料。使用时，要按胶卷的先后顺序供料。胶卷停放时间不能过长，一般不要超过 $30min$，以防胶料早期硫化。

连续供料是在供胶用的开炼机上，用切刀从辊筒上切下一定规格的胶条，由皮带运输机均匀地、连续地往压延机上供料。运输带的线路不能过长，以防止胶条温度下降，影响压延质量。供胶速度与压延耗胶速度相同，沿压延宽度方向供胶要均匀，一般与压延机呈 $90°$ 安置。

2. 纺织物干燥

纺织物的含水率一般都比较高，如棉织物可达 7% 左右，锦纶和涤纶织物含水率也在 3% 以上。压延纺织物的含水率一般要求控制在 1% 以下，最大不超过 3%。否则会降低胶料与纺织物之间的结合强度，造成胶布半成品掉胶，硫化胶制品内部脱层，压延时胶布内部产生气泡，硫化时产生海绵孔等质量问题。因此，在压延之前必须对纺织物进行干燥处理。

纺织物的干燥一般采用多个中空辊筒的立式或卧式干燥机，内通饱和蒸汽使表面温度保持在 $110\sim130℃$，当织物依次绕过辊筒表面前进时，受热而去掉水分。具体的干燥温度和牵引速度依纺织物类型及干燥要求而定。干燥程度过大或过小对织物的性能都不利。干燥后的织物不宜停放过久，若必须停放则用塑料布严密包装，以免回潮。在生产上织物干燥可与压延工序组成联动流水作业线，使织物离开干燥机后立即进入压延机挂胶。这时织物温度较高，有利于树脂的渗透与结合。

3. 纺织物浸胶

纺织物在压延挂胶前必须经过浸胶处理，让纺织物从专门的乳胶浸渍液中通过，经过一定时间接触使胶液渗入纺织物结构内部并附着于纺织物表面，此过程称为浸胶。这对改善纺织物的疲劳性能及其与胶料的结合强度有重要作用。

浸胶过程一般包括帘布导开、浸胶、挤压、干燥和卷曲等工序，浸胶液浓度、纺织物与胶液接触的时间、附胶量大小、对帘线的挤压力及伸张力的大小和均匀程度、干燥程度都会影响浸胶帘布质量。

4.尼龙和涤纶帘线的热伸张处理

尼龙帘线热收缩性大，为保证帘线的尺寸稳定性，在压延前必须进行热伸张处理。压延过程中也要对帘线施加一定的张力作用，以防发生热收缩变形。涤纶帘线的尺寸稳定性虽比尼龙好得多，但为进一步改善其尺寸稳定性，也应进行处理。

热伸张处理工艺通常分三步进行。

第一步为热伸张区，在这一阶段帘线处于其软化点以上的温度，并受到较大的张力作用，大分子链被拉伸变形和取向，使取向度和结晶度进一步提高。温度高低、张力大小和作用时间的长短依纤维品种而定。

第二步为热定型区，温度与热伸张区相同或低 5～10℃，张力作用略低，作用时间与热伸张区相同。其主要作用是使帘线在高温下消除残余的内应力，同时又保持了大分子链的拉伸取向和结晶程度，以保证张力作用消失后帘线不会发生收缩。

第三步为冷定型区，在帘线张力保持不变的条件下使帘线冷却到其玻璃化温度以下的常温范围，使大分子链的取向和结晶状态被固定，帘线尺寸稳定性得以改善。

二、压延工艺

利用压延机将胶料制成具有规定断面厚度和宽度的表面光滑的胶片，通常适于厚度在 3mm 以下的胶片。如胶管、胶带的内外层胶和中间层胶片、轮胎的缓冲层胶片、隔离胶片和油皮胶等。胶片的压延包括压片、贴合、压型，胶布的压延有贴胶和擦胶。

1.压片

很多橡胶制品制造过程中所需的半成品都少不了胶片，它们都是通过压片来制造的。压片工艺是指将混炼好的胶料在压延机上制造成具有规定厚度和宽度的胶片。压片可以在三辊或四辊压延机上进行。在三辊压延机上压片时，上、中辊间供胶，中、下辊间出胶片，如图 8-13 所示。对规格要求很高的半成品，则采用四辊压延机压片。多通过一次辊距，压延时间增加，松弛时间较长，收缩相应减小，厚薄的精确度和均匀性都可提高，其工作示意图如图 8-14 所示。

图 8-13　三辊压延机压片工作示意图

图 8-14　四辊压延机压片工作示意图

影响压片操作与质量的因素主要有辊温、辊速、胶料配方特性与含胶率、可塑度大小等。提高压延温度可降低半成品收缩率，使胶片表面光滑，但温度若过高容易产生气泡和焦烧现象；辊温过低胶料流动性差，压延半成品表面粗糙，收缩率增大。辊温应依生胶品种和配方特性、胶料可塑度大小及含胶率高低而定。通常是配方含胶率较高、胶料可塑度较低或弹性较大者，压延辊温宜适当提高，反之亦然。另外，为了便于胶料在各个辊筒间顺利转移，还必须使各辊筒间保持适当的温差。如天然胶易包热辊，胶片由一个辊筒向另一辊筒转移时，另一辊筒温度应适当提高些，合成橡胶则正好相反。辊筒间的温差范围一般为 5～10℃，表 8-4 列举了各种胶料的压片温度范围。

表 8-4　各种胶料的压片温度范围

橡 胶 种 类	上辊温度/℃	中辊温度/℃	下辊温度/℃
天然橡胶(NR)	10～110	85～95	60～70
聚异戊二烯橡胶(IR)	80～90	70～80	55～70
聚丁二烯橡胶(BR)	55～75	50～70	55～65
聚丁苯橡胶(SBR)	50～70	54～70	55～70
聚氯丁橡胶(CR)	90～120	60～90	30～40
聚异丁烯/异戊二烯橡胶(IIR)	90～120	75～90	75～100

胶料的可塑度大，压延流动性好，半成品收缩率低，表面光滑，但可塑度过大容易产生黏辊现象，影响操作。压延速度快，生产效率高，但半成品收缩变形率大。压延速度应根据胶料的可塑度大小和配方含胶率高低来定。配方含胶率低，胶料可塑度较大时，压延速度应适当加快。辊筒之间存在速比有助于消除气泡，但不利于出片的光滑度。为了兼顾二者，三辊压延机通常采用中、下辊等速，而供胶的上、中辊间有适当速比。

2. 胶片贴合

胶片贴合是利用压延机将两层或多层的同种或异种胶片压合成为较厚胶片的一种压延过程。主要用于生产含胶率高、气体排除困难、气密性要求较严格等性能的胶片。贴合工艺方法有两辊压延机贴合、三辊压延机贴合和四辊压延机贴合。

(1) 两辊压延机贴合　即用等速两辊压延机或开炼机将胶片复合在一起，贴合胶片厚度可达到 5mm，压延速度、辊温和存胶量等控制都比较简单，胶片也比较密实。但厚度的精度较差，不适于厚度在 1mm 以下的胶片压延。

(2) 三辊压延机贴合　常见的三辊压延机贴合压延法如图 8-15(a) 所示，将预先压延好的一次胶片由卷取辊导入压延机下辊，经辅助辊作用与包辊胶片贴合在一起，然后卷取。该法要求贴合的各胶片之间的温度和可塑度应尽可能一致。辅助压辊应外覆胶层，其直径以压延机下辊的 2/3 为宜，送胶与卷取的速度要一致，避免空气混入。

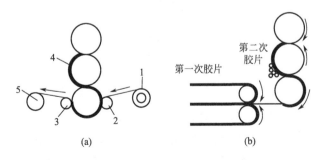

图 8-15　三辊压延机贴合压延法
1—第一次胶片；2—压辊；3—导辊；
4—第二次胶片；5—贴合胶片卷取

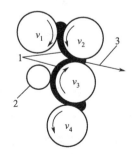

图 8-16　Γ形四辊压延机贴合胶片
1—第一次胶片；2—压辊；3—贴合胶片

图 8-15(b) 为带式牵引装置代替辅助压辊的另一种三辊压延机贴合胶片的方法，分两次压延的胶片在两层输送带之间受压贴合，其效果比压辊法更好。

（3）四辊压延机贴合　四辊压延机一次可以同时完成两个新鲜胶片的压延与贴合。生产效率高，压延质量好，断面厚度精度高，工艺操作简便，设备占地面积小。常用设备类型有Γ形和 Z 形两种。Γ形四辊压延机贴合胶片示意图如图 8-16 所示。胶料配方和断面厚度不同的胶片贴合时，最好采用四辊压延机，能保证贴合胶面内部密实，无气泡，表面光滑无褶皱。

3. 压型

压型是将胶料由压延机压制成具有一定断面厚度和宽度、表面带有某种花纹胶片的成型过程。压型制品如胶鞋底、车轮胎胎面等。压型胶片的花纹图案要清晰、规格准确、表面光滑、密实性好、无气泡等。

压型工艺与压片工艺基本相同。压型方式可采用两辊、三辊、四辊压延机，如图 8-17 所示。不管哪一种压型所使用的压延机，其辊筒至少有一个在表面刻有一定的花纹图案。为了适应压型胶片花纹、规格的变化，需要经常变换刻有不同花纹、不同规格的辊筒，以变更胶片规格及品种。

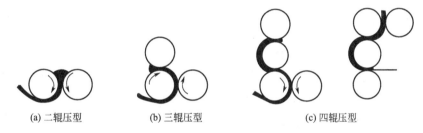

(a) 二辊压型　　　　(b) 三辊压型　　　　(c) 四辊压型

图 8-17　两辊、三辊、四辊压延机压型示意

在压型过程中，胶料的可塑性、热炼温度、返回胶掺用率、辊筒温度、装胶量等因素都直接影响着压型胶片的质量。花纹图案的压出主要依靠胶料的可塑性而不是压力，由此可见，胶料的可塑性是非常重要的。胶料可塑性过小，胶片的收缩率大，压型花纹棱角不明，胶片表面粗糙，不光滑；胶料可塑性过大，不易混炼，胶片的力学性能低。

在压型胶料中含胶率不宜太高，需要添加较多的填充剂和适量的软化剂以及再生胶，以增加胶料塑性流动性和挺性，以防花纹变形塌扁并减少收缩率。压型胶片通常都比较厚，容易收缩变形，因此需要采用高辊温、低转速和骤冷措施，以使胶片花纹定型尺寸准确、清晰有光泽。

4. 纺织物的贴胶和擦胶

在某些含有纺织物骨架材料的橡胶压延物中，为了充分发挥这些织物的作用，必须通过挂胶，使线与线、层与层之间由胶料的作用而紧密的结合形成一整体，共同承受负荷应力作用，同时又使线与线、层与层之间相互隔离，不至于相互磨损。这些可以通过在纺织物两面挂胶来实现。给纺织物挂胶，有贴胶和擦胶之分。在纺织物上覆盖一层薄胶称为贴胶，使胶料渗入纺织物内则称为擦胶。

（1）贴胶　贴胶是利用压延机两个等速相对旋转辊筒的挤压力，将一定厚度的胶料贴于纺织物上。由于两辊筒之间的摩擦力较小，对纺织物的损伤不大，纺织物表面的覆胶量大，耐疲劳性能好。但是，胶料不能够很好地渗入布缝内，与纺织物的附着力较差。纺织物贴胶可以由三辊或四辊压延机来完成，三辊压延机一次只能完成单面贴胶，而四辊压延机可以一次完成双面贴胶，如图8-18所示。

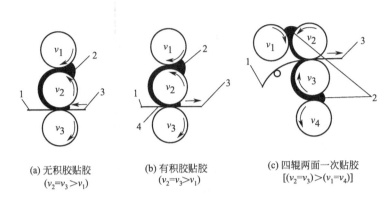

(a) 无积胶贴胶   (b) 有积胶贴胶   (c) 四辊两面一次贴胶
$(v_2=v_3>v_1)$ $(v_2=v_3>v_1)$ $[(v_2=v_3)>(v_1=v_4)]$

图 8-18　三辊和四辊贴胶
1—纺织物进辊；2—胶料进辊；3—贴胶后出料；4—积胶

贴胶的工艺条件要严格控制和掌握。胶料的可塑性和温度、压延机辊筒的速度和温度、胶料中生胶的种类和配合剂等都是应该严格控制的条件。表 8-5 是天然橡胶胶料帘帆布压延工艺条件。

表 8-5　天然橡胶胶料帘帆布压延工艺条件

压延机类型	Γ形四辊压延机	三辊压延机	压延机类型	Γ形四辊压延机	三辊压延机
压延方法	两面贴胶	一面贴胶	中辊温度/℃	105~110	105~110
纺织材料	帘布	帆布	下辊温度/℃	100~105	65~75
旁辊温度/℃	100~105	—	辊筒速比	1：1.4：1.4：1	1：1.4：1
上辊温度/℃	105~110	100~105	压延速度/m·min⁻¹	≤35	≤50

压延机辊筒的温度主要取决于胶料的配方。例如，用四辊压延机压延天然橡胶胶料时，以 100~150℃较好，因其黏热辊，所以贴胶时上、中辊的温度应高于旁辊和下辊的温度5~10℃，而压延丁苯橡胶胶料时，以 70℃较好，因其易黏冷辊，上、中辊应低5~10℃。而对压延速度来说，较快的速度相应也要求较高的温度。

在贴胶过程中，由于向纺织物表面贴胶是依靠辊筒压力使胶料压贴在上面的，故纺织物上下两辊筒速度应该保持相等。供料所用的两辊筒转速可以相同，也可以不同，即稍有速比，适量的速比有利于排除气泡，粘贴效果更好一些。辊筒转速高，生产效率高。

由三辊压延机进行贴胶时，可以采用在中下两辊的存料区无积胶或有适量的积胶两种方式。适量的积胶会使两辊筒间隙内的挤压力增加，故称为压力贴胶。压力贴胶可以更有效地将胶料挤压入纺织物的布缝内，从而增强了胶料与纺织物之间的附着力，特别是对未浸胶处理的纺织物更有效。

（2）**擦胶**　擦胶与贴胶的不同之处是擦胶时相向运动的辊筒速度不一样，有速比。靠速比所产生的剪切力和辊筒的压力把胶料擦到纤维纺织物的缝隙中去，这样可大大提高纺织物与胶料的附着力。这种擦胶一般用于经、纬紧密交织的帆布。

擦胶一般在三辊压延机上进行，供胶在上、中辊间隙内，擦胶在中、下辊间隙。上、下辊等速，中辊速较快，速比一般在（1：1.3）～（1.5：1）内变化。

擦胶可分为厚擦与薄擦两种，厚擦中辊全包胶，薄擦中辊后半转部分不包胶，如图 8-19 所示。薄擦的耐挠曲性较好，表面光滑。厚擦胶料渗入布层较深，附着力较好。选择薄擦或者厚擦视胶料性能和要求而定。

擦胶工艺中，较常见的三辊压延机单面厚擦的流程如图 8-20 所示。帆布要烘干到水分含量 3% 以下，烘布温度为 70℃。胶料可塑性要求较大。擦胶温度主要取决于生胶种类，表 8-6 列举了几种橡胶的擦胶温度。对同种生胶，擦胶温度随条件不同，也有差异。辊筒线速度太大，对胶料渗入不利，这对合成纤维更为明显。纺织物强度大的，线速度可大些，对厚帆布可达 $30 \sim 50 \mathrm{m \cdot min^{-1}}$，强力小的则相反。通过辊距间堆积胶的多少，可影响胶料擦入布层的深浅。

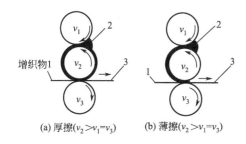

图 8-19　厚擦与薄擦区别示意图
1—纺织物进辊；2—进料；3—擦胶后出料

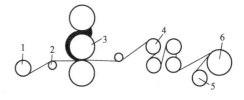

图 8-20　三辊压延机单面厚擦流程
1—帆布卷；2—导辊；3—三辊压延机；4—烘干加热辊；5—垫布卷；6—擦胶布卷

表 8-6　几种橡胶的擦胶温度和可塑性

胶　　　种	上辊温度/℃	中辊温度/℃	下辊温度/℃	可塑性（威廉姆）
天然橡胶	80～110	75～100	60～70	0.50～0.60
丁腈橡胶	85	70	50～60	0.55～0.65
氯丁橡胶	50～120	50～90	30～65	0.40～0.50
丁基橡胶	85～105	75～95	90～115	0.45～0.50

【任务实施】

图 8-21 为任务实施流程。

【归纳总结】

1. 熟悉生产设备，设备需要预先调试。

2. 正确进行压延机操作，注意辊速调节。

3. 生产时，注意观察，发现问题及时调整。

4. 注意安全，不能违章操作。

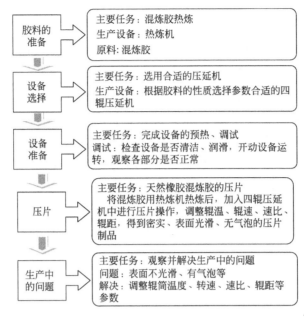

图 8-21　任务实施流程

【综合评价】

对于任务三的评价见表 8-7。

表 8-7　天然橡胶压片项目评价表

序　号	评价项目	评价要点
1	产品质量	压片表面光滑
		胶片中无气泡等
		无焦烧等情况发生
2	生产过程控制能力	温度的控制
		辊距的控制
		辊速、速比的控制
		时间的控制
3	事故分析和处理能力	是否出现生产事故
		生产事故处理方法

【任务拓展】

天然橡胶贴胶操作。

参 考 文 献

[1] 王加龙. 高分子材料基本加工工艺. 北京：化学工业出版社，2009.

[2] 王贵恒. 高分子材料成型加工原理. 北京：化学工业出版社，1991.

[3] 李光. 高分子材料加工工艺学. 北京：中国纺织出版社，2010.

[4] 段予忠，谢林生. 橡胶塑料加工成型与制品应用工程手册. 北京：化学工业出版社，2001.

[5] 沈新元. 高分子材料加工原理. 北京：中国纺织出版社，2009.

[6] 江水青. 塑料成型加工技术. 北京：化学工业出版社，2009.

[7] 邹恩广. 塑料制品加工技术. 北京：中国纺织出版社，2009.

[8] 张海. 橡胶及塑料加工工艺. 北京：化学工业出版社，1997.

[9] 王文英. 橡胶加工工艺. 北京：化学工业出版社，2005.